国家出版基金项目
NATIONAL PUBLICATION FOUNDATION

十四个集中连片特困区
中药材精准扶贫技术丛书

滇西边境山区
中药材生产加工适宜技术

总主编　黄璐琦
主　编　李海涛　张丽霞

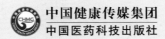

中国健康传媒集团
中国医药科技出版社

内 容 提 要

　　《滇西边境山区中药材生产加工适宜技术》为《十四个集中连片特困区中药材精准扶贫技术丛书》之一。本书分总论和各论两部分：总论介绍滇西边境山区中药资源概况、自然环境特点、肥料使用要求、病虫害防治方法、相关中药材产业发展政策；各论选取滇西边境山区优势和常种的 18 个中药材种植品种，每个品种重点阐述植物特征、资源分布、生长习性、栽培技术、采收加工、标准、仓储运输、药材规格等级、药用和食用价值等内容。

　　本书供中药材研究、生产、种植人员及片区农户使用。

图书在版编目（CIP）数据

　　滇西边境山区中药材生产加工适宜技术 / 李海涛 , 张丽霞主编 . — 北京：中国医药科技出版社，2021.9

　　（十四个集中连片特困区中药材精准扶贫技术丛书 / 黄璐琦总主编）

　　ISBN 978-7-5214-2516-1

　　Ⅰ . ①滇… 　Ⅱ . ①李… ②张… 　Ⅲ . ①药用植物—栽培技术②中药加工　Ⅳ . ① S567 ② R282.4

　　中国版本图书馆 CIP 数据核字 (2021) 第 109503 号

　　审图号：GS（2021）2512 号

美术编辑　陈君杞
版式设计　锋尚设计

出版　**中国健康传媒集团｜中国医药科技出版社**
地址　北京市海淀区文慧园北路甲 22 号
邮编　100082
电话　发行：010-62227427　邮购：010-62236938
网址　www.cmstp.com
规格　710×1000mm　$^1/_{16}$
印张　16$^1/_8$
彩插　1
字数　314 千字
版次　2021 年 9 月第 1 版
印次　2021 年 9 月第 1 次印刷
印刷　北京盛通印刷股份有限公司
经销　全国各地新华书店
书号　ISBN 978-7-5214-2516-1
定价　68.00 元

获取新书信息、投稿、为图书纠错，请扫码联系我们。

编 委 会

序

"消除贫困、改善民生、实现共同富裕，是社会主义制度的本质要求。"改革开放以来，我国大力推进扶贫开发，特别是随着《国家八七扶贫攻坚计划（1994—2000年）》和《中国农村扶贫开发纲要（2001—2010年）》的实施，扶贫事业取得了巨大成就。2013年11月，习近平总书记到湖南湘西考察时首次作出"实事求是、因地制宜、分类指导、精准扶贫"的重要指示，并强调发展产业是实现脱贫的根本之策，要把培育产业作为稳定脱贫攻坚的根本出路。

全国十四个集中连片特困地区基本覆盖了我国绝大部分贫困地区和深度贫困群体，一般的经济增长无法有效带动这些地区的发展，常规的扶贫手段难以奏效，扶贫开发工作任务异常艰巨。中药材广植于我国贫困地区，中药材种植是我国农村贫困人口收入的重要来源之一。国家中医药管理局开展的中药材产业扶贫情况基线调查显示，国家级贫困县和十四个集中连片特困区涉及的县中有63%以上地区具有发展中药材产业的基础，因地制宜指导和规划中药材生产实践，有助于这些地区增收脱贫的实现。

为落实《中药材产业扶贫行动计划（2017—2020年）》，通过发展大宗、道地药材种植、生产，带动农业转型升级，建立相对完善的中药材产业精准扶贫新模式。我和我的团队以第四次全国中药资源普查试点工作为抓手，对十四个集中连片特困区的中药材栽培、县域有发展潜力的野生中药材、民间传统特色习用中药材等的现状开展深入调研，摸清各区中药材产业扶贫行动的条件和家底。同时从药用资源分布、栽培技术、特色适宜技术、药材质量等方面系统收集、整理了适宜贫困地区种植的中药材品种百余种，并以《中国农村扶贫开发纲要（2011—2020年）》明确指出的六盘山区、秦巴山区、武陵山区、乌蒙山区、滇桂黔石漠化区、滇西边境山区、大兴安岭南麓山区、燕山－太行山区、吕梁山区、大别山区、罗霄山区等连片特困地区和已明确实施特殊政策的西藏、四省藏区（除西藏自治区以外的四川、青海、甘肃和云南四省藏族与其他民族共同聚住的民族自治地方）、新疆南疆三地州十四个集中连片特困区为单位整理成册，形成《十四个集中连片特困区中药材精准扶贫技术丛书》（以下简称《丛书》）。《丛书》有幸被列为2019年度国家出版基金资助项目。

　　《丛书》按地区分册，共14本，每本书的内容分为总论和各论两个部分，总论系统介绍各片区的自然环境、中药资源现状、中药材种植品种的筛选、相关法律政策等内容。各论介绍各个中药材品种的生产加工适宜技术。这些品种的适宜技术来源于基层，经过实践验证、简单实用，有助于经济欠发达的偏远地区和生态脆弱地区开展精准扶贫和巩固脱贫攻坚成果。书稿完成后，我们又邀请农学专家、具有中药材栽培实践经验的专家组成审稿专家组，对书中涉及的中药材病虫害防治方法、农药化肥使用方法等内容进行审定。

　　"更喜岷山千里雪，三军过后尽开颜。"希望本书的出版对十四个集中连片特困区的农户在种植中药材的实践中有一些切实的参考价值，对我国巩固脱贫攻坚成果，推进乡村振兴贡献一份力量。

2021年6月

前　言

中国中医科学院院长、中国工程院院士黄璐琦带领团队，以第四次全国中药资源普查试点工作为抓手，历时3年，深入贫困山区，从药用资源分布、栽培技术、特色适宜技术、药材质量、现代应用与研究等方面系统收集、整理了适宜贫困地区种植的大宗中药材百余种，适宜技术300余项，并针对14个集中连片特困地区的区域特点，选择适宜种植的中药材品种，组织相关专家编写了《十四个集中连片特困区中药材精准扶贫技术丛书》。丛书中的适宜技术来源基层，经过实践验证、简单实用。尤其适合于经济欠发达的偏远地区和生态脆弱地区开展精准扶贫。丛书的出版为中药材生产提供了机械化解决方案，以及解决珍稀濒危资源繁育问题，为中药资源绿色可持续发展和巩固脱贫攻坚成果，推进乡村振兴，提供了技术支持。

《滇西边境山区中药材生产加工适宜技术》是丛书一个分册，作者在充分调查研究的基础上，结合滇西边境山区的自然环境、生态资源和区域内中药资源及中药材产业发展状况，精心筛选了砂仁、黄精、石斛、重楼、续断、龙胆草等18种中药材的生产加工适宜技术汇编而成。分总论和各论两部分内容。总论简要介绍本区域基本情况；各论中每种药材品种的内容包括植物特征、资源分布规律、生长习性、栽培过程的各个关键环节及病虫害防治、产品的产地加工、药材的标准、药用食用价值等方面进行了详细阐述，并配有彩色插图。本书由中国医学科学院药用植物研究所云南分所组织云南省农业科学院药用植物研究所、云南省农业科学院高山经济植物研究所、楚雄技师学院、云南农业大学热带作物学院、湖北中医药大学等资深专家编写而成，为求文字部分深入浅出，容易理解，适合滇西边境山区及全国其他地区广大中药材种植的种植个体户、农业推广技术员和公司技术人员参考使用。

本书编写虽然经多次审校，但由于中药材生产加工适宜技术的复杂性，疏漏之处在所难免，恳请读者多提宝贵意见。

编　者

2021年7月

目 录

总 论

各 论

总 论

一、概论

滇西边境山区（以下称本片区）是全国14个集中连片特困地区之一，位于我国西南边陲，集边境地区和民族地区于一体，是国家新一轮扶贫开发攻坚战主战场中边境县数量和世居少数民族最多的片区。片区范围包括云南省保山市、丽江市、普洱市、临沧市、楚雄彝族自治州、红河哈尼族彝族自治州、西双版纳傣族自治州、大理白族自治州、德宏傣族景颇族自治州和怒江傈僳族自治州等10个市州的集中连片特殊困难地区县市区（以下简称片区县）56个，其他县市区5个，共61个。区域内有48个民族自治地方县市区、19个边境县、45个国家扶贫开发工作重点县。

本片区是云药主产区，具有丰富的中药材资源，区内具有一定规模的重楼、石斛、滇龙胆、天麻、三七、续断、红花等名贵中药材栽培。因此，在现有的中药资源的基础上，推动中药材种植，有利于该区域贫困人口整体脱贫致富，有利于缩小地区发展差距，有利于保障片区内的生态安全，促进生态文明建设、可持续发展和边境稳定，实现国家总体战略布局和全面建成小康社会的奋斗目标。

二、滇西边境山区基本情况

（一）本片区的自然环境

1. 地形地貌特征

本片区地处云贵高原西南侧，总体地形北高南低，北部属于青藏高原东南缘，逐渐向南延伸，多条江河将山体切割成形成横断山脉的帚状山系，高山、峡谷、间山盆地相间分布，形成复杂的地形地貌。

本片区内以点仓山–哀牢山为界划分为两大部分。此界以西的西南部分是分割得较为破碎的山原地貌。红河、哀牢山、阿墨江、把边江和其下游的李仙江、无量山、澜沧江、大雪山、邦马山、南汀河、怒江、高黎贡山、龙川江、大盈江等众多的山脉和河流相间并列南下，并向东南逐渐展开形成"帚形山系"，构成本区的地貌骨架，各种地貌层次相间排列。本区南缘和东南、西南边受到各大河流及两侧支流的强烈分割，开拓出众多的宽谷盆地，形成间山盆地的地貌，而哀牢山为相对高耸的山地。西北部高山较多，怒江、澜沧江、金沙江并列南下，下切成十分雄伟的大峡谷，高山雪峰与深嵌的大峡谷相间并列，形成横断山脉的主体。

点仓山-哀牢山一线以东，地貌以丘陵状高原为主，地势起伏较为缓和，高原盆地较多，而高山深谷很少。这一范围为滇中的断陷湖盆高原，有多个高原湖泊分布其间。本区高原面地形保持完整，丘陵、低山和山间盆地相间分布。

2. 土壤条件

云南自然条件复杂，成土因素差异很大，土壤类型很多，分布错综复杂，现将本片区土壤的基本条件作一概略的说明。

（1）红壤系列土壤

红壤系列土壤包括云南的热带和亚热带广泛分布的各种红色和黄色的酸性土壤，是本区内分布最多的土壤类型。主要有砖红壤、赤红壤（砖红壤性红壤）、红壤、黄壤及燥红土等。

①砖红壤：砖红壤是云南热带雨林和热带季雨林分布地区的主要土类，分布在南部和西南部边缘800～900米以下的山地下部和盆地边缘，和东南部海拔400～500米以下的谷地。年平均温20℃以上，年降水量约在1200毫米以上的湿热地区。其中，在西部干、湿季明显的热带季风气候下发育的暗色砖红壤亚类，以及在东南部发育的黄红色砖红壤，因气候偏于潮湿，土体酸性较大，有机质含量较高。

②赤红壤：介于砖红壤与红壤之间的过渡类型。其分布范围与云南南部亚热带季风常绿阔叶林大致相当，在亚热带南部分布普遍，也分布于热带山地。在本区内分布北界为双柏、景东、云县、凤庆、昌宁一线，主要分布地区的年平均气温约在17～19℃，最冷月均温在10℃以上，年降水量1100～1500毫米。其分布的海拔上限在西部接近1500米。

③红壤：红壤的黏土矿物以高岭土为主，pH5.5左右，土壤呈块状结构，土壤母质的风化程度较轻，酸度也较小，土层也较薄，具有发育不甚充分的山地土壤特点，与我国东部亚热带分布较普遍的红壤性质有一定的差别。红壤主要分布在昆明、楚雄至大理一线两侧的广大地区，海拔2500米以下。

云南高原中央较偏北部分布的为红壤中一个较特殊的亚类，称为褐红土。多分布于本区东北部海拔约1200～1800米较为干燥的地点。

④黄壤：本区的黄壤分布范围远不及红壤广大，主要局限于热量水平和红壤相当的局部多雨而偏湿的地区，本区内主要分布在金平、绿春一带多雨的山地。黄壤的表层多为暗灰棕色，有机质含量较高，心土黄化现象明显。全剖面呈强酸性反应，pH 4.5～5.5。

⑤燥红土：过去曾称之为热带稀树草原土、红褐土等。本区内主要分布于元江、李仙江等一些干热河谷内部，这些谷地内热量高，酷热期长，降水量少，蒸发力强大，年平均气温在20℃以上，年降水量在800毫米以下，干季很长。其分布范围与热带性稀树灌丛植被相当。海拔范围在1000～1200米以下。燥红土的矿物风化程度较低，黏粒中矿物以水云母为主，其次为高岭土、石英等，pH 6.5～7.0。燥红土表层有机质含量常达3%～4%，含氮量也较高。

（2）暗棕壤及亚高山草甸土

①暗棕壤：本区内暗棕壤主要分布在贡山县和福贡县的高山地区，海拔约3100～4000米之间，年均温大都在6℃以下，年降水量在600毫米以上，干燥度<1.0，生物气候条件以湿润冷凉为特点，寒温性针叶林分布较多，以云杉和冷杉林为主。土壤剖面终年处于湿润状态，表层有机质较丰富，土壤呈酸性。

林地被破坏之后，草甸植被上则形成草甸暗棕壤，有较厚的腐殖质层，土体呈灰棕色，并呈中性反应。在暗棕壤分布范围的上部为灰化现象明显的灰漂土类型。

②亚高山草甸土（黑黏土）：亚高山草甸土分布的海拔范围在3200～4300米之间，上限达到暗棕壤分布范围以上，下部与暗棕壤可复域分布。具有土层较薄，矿物化学分解程度低，粗骨性强，细土物质少的特点。气候条件为最热月平均气温在6～10℃，最冷月平均气温在0～5℃以下，年降水量约在600～1000毫米左右，土壤有季节性融冻现象。土壤表层有机质含量可达15%，向下减少；土壤呈酸性反应，pH 5～5.6。

（3）紫色土和石灰岩土

①紫色土：紫色土除在云南中部昆明以西到大理以东之间，并向南延伸到滇南而大范围分布外，省内许多地点都有局部分布。大都表土层较薄，并发育不良，化学风化较弱，一般都呈中性。

②石灰岩土：云南省境内石灰岩山地丘陵分布很广。但在本区内的分布较少，主要集中在金平、勐腊、孟连等县的石灰岩山地。云南常见的有黑色石灰土和红色石灰土。本区内主要分布为黑色石灰土，又称为腐殖质碳酸盐土。其分布比较零星，多见于岩壁缝隙，中性至碱性。

3. 本片区气候环境

大部分位于横断山区南部和滇南山间盆地，国土总面积20.9万平方公里。区域内山高谷深，高黎贡山、怒山、无量山、哀牢山纵贯其中，怒江、澜沧江、金沙江和元江等江河穿越其间，河流湍急、落差大。气候类型总体上属热带亚热带季风气候。海拔高度相差悬殊，最高海拔6740米，最低海拔76.4米，立体气候特征明显，年均降水量1100毫米左右，森林覆盖率达54.6%。

（二）本片区的中药资源现状

本片区包括了滇西北高寒山区、滇西至滇中的高原山区，也包含了滇南、滇西南的热带亚热带山区，基本代表了云南省中药资源种类。本片区海拔高度相差悬殊、气候复杂多样、民族众多，中药资源种类繁多。据不完全统计，本片区内有中药资源5000余种，有大量的道地药材、大宗药材和稀缺濒危药材（表1）。

表1　片区内地道、大宗、稀缺、濒危药材

分类	药材种类
道地	云当归、云木香、云黄连、滇重楼、茯苓等
大宗	续断、厚朴、黄芩、龙胆草、薏苡仁、南板蓝根、鸡血藤、紫丹参、防风、乌梅、天南星、何首乌、天冬、云山楂、狗脊、骨碎补、干姜、重楼、党参、桔梗、猪苓、升麻、红大戟、红花、蔓荆子、石斛、红豆蔻、半夏、泽泻、黄精、赤丹皮、草果、茴香、八角、郁金、莪术、千年健、桂枝、女贞子、砂仁、白及、玉竹、附子、苏木、秦艽、贝母、川芎、吴茱萸、雪上一枝蒿、草乌、马尾连、山柰、珠子参等
稀缺	金铁锁、云黄连、滇龙胆、珠子参、雪胆、青阳参、何首乌、草乌、岩陀、大黄藤、石斛、冬虫夏草、鸡血藤、雪上一枝蒿、白及、山乌龟、半夏、天南星、龙血树、金荞麦、肾茶、珠子草、滇黄精、白木香、南板蓝根（马蓝）、川续断等
濒危	麝香、熊胆、冬虫夏草、牛黄、鹿茸

根据气候特点可以将本片区划分为滇西北为主的寒温带和中温带、滇西北为主的南温带、滇西和滇中高原盆地为主的北亚热带、滇中和滇西北河谷为主的中亚热带、滇西南中山宽谷为主的南亚热带、滇南边缘中低山为主的北热带。每个气候区覆盖范围内的中药材都有各自的特点，片区内中药资源气候带区划分布概况如表2。

表2　云南各气候带主要中药资源情况

气候带	范围	野生主要药材资源	家种药材	形成规模种植的药材
滇西北为主的寒温带（高原气候区）和中温带	寒温带包括滇西北海拔在3000米以上地区，中温带位于滇西北一带海拔2400~3000米的中山地区	冬虫夏草、川贝母、梭砂贝母、雪茶、云黄连、胡黄连、大黄、天麻、黄精、卷叶黄精、垂叶黄精、玉竹、猪苓、重楼或七叶一枝花、茯苓、山珠半夏、天南星、羌活、天冬、三分三、金荞麦等	云木香、秦艽、桔梗、当归、贝母、珠子参、重楼或七叶一枝花、麻、茯苓、草乌、大黄、山药等	云木香、秦艽、当归、桔梗、重楼或七叶一枝花、参、茯苓、天麻、珠子参、茯苓、附子、大黄、山药等品种
滇西北高原为主的南温带	大理州北部、丽江大部海拔在2000~2400米地区	雪上一支蒿、半夏、茯苓、珠子参、重楼、金荞麦、玉竹、何首乌、川楝子、杜仲、厚朴等	天麻、雪上一支蒿、鱼腥草、茯苓、杜仲、黄柏、黄柏等	茯苓、天麻、半夏、雪上一支蒿、黄柏、厚朴等
滇中山、滇中高原盆地、滇东北为主的北亚热带	包括保山、大理东部、昆明和楚雄的大部分	贝母、珠子参、天麻、山药、川芎、猪苓、重楼、茯苓、大理藜芦、续断、木瓜、乌梅、防风、天南星、草乌、龙胆草、滇黄芩、滇丹参、灯盏细辛、青叶胆、半夏等	当归、红花、山药、天麻、茯苓、薄荷、乌梅、木瓜、半夏、雪上一支蒿等	当归、红花、茯苓、乌梅、附子、木瓜、黄草乌、雪上一支蒿等
滇中和滇西北河谷为主的中亚热带	包括元江流域的绿春、金平；金沙江河谷地带的鲩川、怒江河谷的福贡等地	金铰石斛、铁皮石斛、金银花、龙胆草、青叶胆、滇丹参、马钱子、首乌、半夏、大黄藤、干张纸、白术、桔梗、重楼、三七、黄草、金银花、马钱子、桂、八角、砂仁、千年健、杜仲、草果、肉桂、河子等	石斛、青叶胆、滇丹参、半夏、何首乌、大黄藤、干张纸、桔梗、三七、黄草、八角、砂仁、金银花、草果、千年健、肉桂、肉果等	三七、八角、草果、金银花、砂仁、肉桂、半夏、杜仲、南板蓝根等

气候带	范围	野生主要药材资源	家种药材	形成规模种植的药材
滇西南中山宽谷为主的南亚热带	包括德宏州的梁河、潞西、保山地区的昌宁、龙陵、施甸、临沧地区的凤庆、永德、云县、双江县，思茅地区的景东、景谷、墨江以及红河、元阳等县	黄草、诃子、龙胆草、天冬、砂仁、胡椒、萝芙木、雷丸、仙茅、毕麦、干张纸、苏木、金银花、蔓荆子、红花、郁金、姜黄、广西莪术、女贞子、何首乌、鸡血藤、大黄藤等品种	黄草、诃子、龙胆草、天冬、砂仁、胡椒、萝芙木、红花、金银花、南板蓝根、桃仁、苫仁、砂仁等	黄草、诃子、龙胆草、金银花、红花、重楼、南板蓝根、阳春砂仁等
滇南边缘中低山为主的北热带	哀牢山以东地区，大致分布在海拔350～400米以下；哀牢山以西地区，分布在海拔高度750～800米以下区域。包括勐腊、勐海、澜沧、孟连、孟定、潞江坝等地，以及金沙江河谷的吴川，滇南若干河谷山地	吴茱萸、诃子、蔓荆子、川楝子、姜黄、芦荟、朴骨脂、佛手、乳香、没药、香橼、苏木、绿壳砂仁、滇重楼、草豆蔻、干张纸、苏木、黄精、天冬、黄草、铁皮石斛、郁金、儿茶、毕麦、槟榔、干年健、胡椒等	阳春砂仁、八角茴香、白豆蔻、肉桂、重楼、丁香、千年健、益智、龙血树、毕麦、健、干张纸、槟榔、南板蓝根等	阳春砂仁、八角茴香、草果、肉桂、草果、叶下珠、南板蓝根等

三、滇西边境山区中药产业扶贫对策

1. 以提高群众的素质为根本

一是树立自主进取的思想意识。根据区域内群众的实际文化状况，充分利用电视、广播、网络等宣传媒体，开展科技知识的推广和普及，宣传发达地区的科学发展经验，解放思想，克服小富即安、温饱即足、"等靠要"等依赖政府的思想意识，增强加快发展的责任感，艰苦奋斗，加快发展步伐。

二是把送科技知识下乡落到实处。加强对民族群众的专业技能培训，增强民族群众科学素养，进一步提高农业劳动者的素质，把农业发展转入依靠科技进步和切实提高劳动者素质的轨道上来，提高农业生产的科技含量，推动现代农业的发展。

2. 因地制宜的发展中药材产业

片区内各区县的海拔、土壤、中药种植基础等条件不同，因而中药材扶贫应结合现在的种植基础，以提高中药材产量和品质、增加农民收益为前提，坚持因地制宜、统筹规划、合理布局的原则，规划中药材种植品种和面积。宜药则药，切勿盲目追风或引种。发展本区道地或优质药材，如南部热区的砂仁、石斛，西部高原的重楼、红花，西北部高寒山区的珠子参、续断等区域优势药材资源，应以提质增效、树立品牌、拓展市场为目标。根据市场的需求，在周边区县适当拓展，形成优质药材的品牌带动作用。

3. 坚持开发与生态保护并重的原则

本区内生态环境保护任务艰巨，有若干个森林生态及生物多样性生态功能区、世界文化自然遗产、国家级风景名胜区、国家级自然保护区、国家森林公园。杜绝在这些区域内新增中药材种植面积，发展重点放在保护区域之外的地块，以提高产量和品质为重点，保证本区内生物多样性不受破坏。提倡中药材生态种植，减少农药、化肥的投入，增施有机肥，合理轮作，减少病虫害发生。开展半野生抚育技术研究，使药材生长回归"原生态"，真正体现药材以疗效为目的。在优势药材产区，应建立原产地药材的自然保护区，将种质资源保护与中药文化、旅游养生结合起来，使生态资源转化为经济资源。

4. 加大中药材产品加工和开发力度

制定道地和优质中药材产地初加工规范，统一质量控制标准，改进加工工艺，提高中药材产地初加工水平，避免粗制滥造导致中药材有效成分流失、质量下降。严禁滥用硫黄熏蒸等方法，二氧化硫等物质残留必须符合国家规定。严厉打击产地初加工过程中掺杂使假、染色增重、污染霉变、非法提取等违法违规行为。

基于本片区交通运输不便，雨季湿度较大的特点，为了解决偏远山区栽培的中药材仓储运输过程中容易发生霉变的问题，在距离公路较远的山区建立中药材产地加工厂，避免以新鲜药材形式输出，减少损失。

针对本片区的中药资源，开展中药大健康产品的开发，以产品带动当地中药价值的提升。特别是药食两用类中药，充分挖掘食用价值，大力开发药食两用的产品，如黄精可开发成黄精茶，砂仁可开发成砂仁果脯和砂仁酒等。加大对中药副产物的综合利用，减少资源的浪费，提高中药资源的附加值。如石斛花茶、三七须根等。

5. 创建传统销售与"互联网+"结合多种销售模式

一是强化龙头企业带动作用，以龙头企业自建药材基地，或建立"龙头企业+合作社+农户"等多种模式，形成"中药材产业扶贫示范基地""定制药园"，发展订单农业，推动中药材标准化种植，形成产业精准扶贫新格局。二是培育一批经营主体。支持具有一定规模的药材销售企业或大户，开展多种形成的合作与联合，形成多种利益联结机制，让农户共享发展收益。三是以"互联网+"拓展中药材销售。目前，随着互联网迅猛发展，催生一批互联网药企或农产品企业，促进中药材销售新模式发展，如数字本草、中药材天地网、康美医药城、九州通网、农推网等。中药材种植大户或专业合作社或农户均可通过互联网提供便利，促进中药材的销售。鼓励贫困地区建立中药材产地电子交易中心，拓展中药材电商营销渠道。

6. 完善中药材产业技术服务体系

构建种植、养殖、加工、研发、销售服务一体化的综合服务体系。发挥中药原料质量监测信息和技术服务中心等服务机构作用，建立中药材服务精准到户机制，组织相关专家开展技术培训、实地指导中药材技术。在中药材主产区建设一批中药材种植信息监测站，构建贫困地区中药材种植溯源体系。为中药材产业精准扶贫提供技术支撑。

四、中药材扶贫的共性要求

《滇西边境山区区域发展与扶贫攻坚规划（2011—2020年）》提出"大力发展中药材

种植"。由于该区域有着良好自然禀赋、种植基础，各乡镇村发展中药材的热情高涨，但中药材种植有着自身的发展规律和科学基础。如中药材种植品种选择、中药材常见病虫害防治方法等。以下对这些共性问题作了简述，为中药材产业扶贫提供参考。

（一）中药材种植的品种选择

俗语道：中草药少了是宝，多了是草。在中药材种植方面，品种选择尤为重要，直接决定种植成败的关键。在实际生产中，凡因跟风种植中药材，失败者不胜枚举。

1. 选择道地或优势药材品种

中药是在中医理论指导下，用于预防、治疗、诊断疾病并具有康复与保健作用的物质。未经加工或未制成成品的中药原料，叫中药材。道地中药材，是指经过中医临床长期应用优选出来的，产在特定地域，与其他地区所产同种中药材相比，品质和疗效更好，且质量稳定，具有较高知名度的中药材。在一定程度上，道地中药材就是质优的代名词，如文山三七、昭通天麻等。

优势药材，即优势药材产区，指有一定种植或引种历史、形成一定规模，质量稳定，相对其他地区有较高知名度。如西双版纳州的砂仁，于1963年从广东阳春市引种阳春砂仁在西双版纳州试种，获得成功，目前西双版纳州的砂仁种植面积已经发展成为全国最大、质量较好的产区，成为全国砂仁主产地之一。

各地发展中药材，首选本地区种植的道地药材或优势药材。一是这些药材经过长期种植，质量稳定；二是具有较高品牌效应；三是形成了良好销售渠道。本片区道地药材和优势药材有砂仁、三七、重楼、石斛、铁皮石斛、滇龙胆草、草果、诃子、红花、秦艽、白扁豆、续断等。各地可根据不同药材生长条件的要求，选择性种植。切勿盲目引种，或者跟风种植。

2. 选择种植技术成熟品种

中药材种植技术与药材质量、产量密切相关，每一种植物的特性不同，种植技术也有差异。选择种植技术成熟的中药材品种，从种子繁育、施肥管理、病虫害防治、产地加工等过程形成一套技术规范，可减少种植风险，保证药材质量。相反，种植技术不成熟的品种，需要反复实践验证，存在繁育率不高，产量质量不稳定，病虫害的影响。即使要种植新品种或技术不成熟的品种，一定要依靠相关专家的指导，防范由种植技术不成熟带来的风险。

3. 优先选择多种用途药材

优先选择具有多种用途的药材。一是选择药食两用的药材品种，如砂仁、草果、铁皮石斛、诃子、白扁豆、茯苓、三七、天麻等，既可作药材，也可作食材，扩大销售范围。同时，药食两用品种也可以开发健康食品，提供药材的附加值。二是选择具有其他经济价值的品种，与各民族使用习惯结合起来。如南板蓝根，在南部各民族地区常用地上部分提炼蓝靛，作为染料来染制布料，具有较高的使用价值。

（二）中药材种植化肥农药使用要求

中药材种植过程中，施用化肥、农药与中药材的质量和安全有着密切的关系。《中华人民共和国中医药法》第二十二条中"严格管理农药、肥料等农业投入品的使用，禁止在中药材种植过程中使用剧毒、高毒农药，支持中药材良种繁育，提高中药材质量"。国家食品药品监督管理局先后下发了《关于进一步加强中药材管理的通知》（食药监〔2013〕208号）和《关于进一步加强中药饮片生产经营监管的通知》（食药监药化监〔2015〕31号）中指出："严禁使用高毒、剧毒农药、严禁滥用农药、抗生素、化肥，特别是动物激素类物质、植物生长调节剂和除草剂。加快技术、信息和供应保障服务体系建设，完善中药材质量控制标准以及农药、重金属等有害物质限量控制标准；加强检验检测，防止不合格的中药材流入市场"。由以上可见，滥用化肥和农药会触犯法律法规。因而，在中药材种植过程中，掌握好肥料和农药的施用种类、施用量以及施用时期极为重要。

1. 中药材种植施肥原则

以有机肥（或有机菌肥）为主，适当搭配化肥为辅；以施基肥为主，配合追肥和种肥，适期追肥和补施肥；根据植物生长需求规律，合理施肥。

以有机物质作为肥料的均称为有机肥料。包括人粪尿、厩肥、堆肥、绿肥、饼肥、沼气肥等。有机质30%以上，氮磷钾总养分含量在5%以上。施用有机肥料能改善土壤理化特性，有效地协调土壤中的水、肥、气、热，提高土壤肥力和土地生产力，是绿色食品生产的主要养分。

生物菌肥是在有机肥料中加入有益微生物菌群，通过有益菌在植物根系周围的大量繁殖形成优势种群，抑制其他有害菌的生命活动；分解了植物生长过程中根系排放的有害物质；促进了土壤中有机物质的降解和无机元素释放；改善了土壤的团粒结构，调节了土壤保肥、供肥、保水、供水以及透气性功能。生物菌肥的施用，能显著提高作物的产量和品质，同时达到有机生产的目的，符合安全性要求较高的中药材生产需要，但价格较高。

2. 中药材病虫草害防治农药应用原则

（1）严格禁止使用剧毒、高毒、高残留或有致癌、致畸、致突变的农药。

（2）推广使用对人、畜无毒害，对环境无污染，对产品无残留的植物源农药、微生物农药及仿生合成农药。

（3）提倡交替使用杀毒剂，每种药剂喷施2～3次后，应改用另一种药剂，以免病毒菌产生抗药性。

（4）按中药材种植规律，常用农药安全间隔期喷药，施药期间不能采挖商品药材，比如50%多菌灵安全间隔期15天，70%甲基托布津安全间隔期10天，敌百虫安全间隔期7天。

（5）严禁使用化学除草剂防除中药材种植区的杂草，以免造成药害和污染环境。

提倡使用生物源农药和一些矿物源农药。生物源农药具有选择性强，对人畜安全，低残留，高效，诱发害虫患病，作用时间长等特点。

微生物源农药：①农用抗生物，如井冈霉素、春雷霉素、农抗120、阿维菌素、华光霉素；②活体微生物制，如白僵菌、枯草芽孢杆菌、哈茨木霉、VA菌根等。

植物源农药：①杀虫剂，如除虫菊素、鱼藤酮、苦参碱；②杀菌剂，如大蒜素、苦参碱等；③驱避剂如苦楝素、川楝素等。

动物源农药如昆虫信息素、微孢子原虫杀虫剂、线虫杀虫剂等。

矿物源农药：①硫制剂，如石硫合剂；②铜制剂，如波尔多液；③钙制剂，如生石灰、石灰水等。

（三）中药材常见病虫害防治方法

本片区中药材种植过程中常见的病害有根腐病、叶斑病、立枯病、锈病等，常见虫害有蜗牛、蛴螬、地老虎、蛞蝓、蚜虫等。病虫害防治以生物防治为主，减少农药的使用，合理套种，降低爆发病虫害的风险。

禁止销售和使用的剧毒高毒高残留农药品种（共65种）

六六六、滴滴涕、毒杀芬、二溴氯丙烷、杀虫脒、二溴乙烷、除草醚、艾氏剂、狄氏剂、汞制剂、砷类、铅类、敌枯双、氟乙酰胺、甘氟、毒鼠强、氟乙酸钠、毒鼠硅、甲胺磷、对硫磷、甲基对硫磷、久效磷、磷胺、苯线磷、地虫硫磷、甲基硫环磷、磷化钙、磷化镁、福美胂、福美甲胂、胺苯磺隆单剂、甲磺隆单剂、百草枯（水剂）、磷化锌、硫线磷、蝇毒磷、治螟磷、特丁硫磷、氯磺隆、胺苯磺隆复配制剂、甲磺隆复配制剂、甲拌磷、甲基异柳磷、内吸磷、克百威（呋喃丹）、涕灭威（神农丹）、灭线磷、硫环磷、氯唑磷、水胺硫磷、灭多威、硫丹、溴甲烷、杀扑磷、氯化苦、氧乐果、三氯杀螨醇、氰戊菊酯、丁酰肼、氟虫腈、丁硫克百威、乙酰甲胺磷、乐果、毒死蜱、三唑磷及其复配剂。

1. 根腐病

根腐病主要为害当归、重楼、红花、三七、续断等药材根部。发病初期，仅仅是个别支根和须根感病，并逐渐向主根扩展，主根感病后，早期植株不表现症状，后随着根部腐烂程度的加剧，吸收水分和养分的功能逐渐减弱，地上部分因养分供不应求，在中午前后光照强、蒸发量大时，植株上部叶片才出现萎蔫，但夜间又能恢复。病情严重时，萎蔫状况夜间也不能再恢复。此时，根皮变褐，并与髓部分离，最后全株死亡。此病由真菌半知菌亚门腐皮镰孢霉菌侵染引起。病菌在土壤中和病残体上过冬，一般多在3月下旬至4月上旬发病，5月进入发病盛期，其发生与气候条件关系很大。苗床低温高湿和光照不足，是引发此病的主要环境条件。育苗地土壤黏性大、易板结、通气不良致使根系生长发育受阻，也易发病。另外，根部受到地下害虫、线虫的危害后，伤口多，有利病菌的侵入。

防治方法 选择地势高、排水良好的地块。苗床用25%多菌灵粉剂500倍液消毒；种子在播种前用清水漂洗，以去掉不饱满和成熟度不够的瘪种；种苗移栽时去除病苗，并用25%多菌灵粉剂300倍液浸泡30分钟后晾干水汽移栽。忌连作；增加通风透光；发病初期发现病株及时拔除销毁，并用10%的石灰水灌穴；收获后清洁田园，消灭病残体。发病高峰期，用50%退菌特1000倍液或50%多菌灵500倍液浇灌病区，防效90%以上。也可施用哈茨木霉、绿色木霉、康宁木霉等多种木霉菌防治。

2. 叶斑病

叶斑病主要为害白及、草果、滇龙胆、重楼、黄精、秦艽、三七、砂仁和石斛等。可分几类：①鸡冠花叶斑病（又称褐斑病），侵染叶片、叶柄和茎部。叶上病斑圆形，后扩大呈不规则状大病斑，并产生轮纹，病斑由红褐色变为黑褐色，中央灰褐色。茎和叶柄上病斑褐色、长条形。②鱼尾葵叶斑病（亦称黑斑病）。叶片上产生黑褐色小圆斑，后扩大或病斑连片呈不规则大斑块，边缘略微隆起，叶两面散生小黑点。③君子兰叶斑病（枯斑病）。叶上有椭圆形、长条形浅红褐色病斑，周围有退绿圈，后扩大呈不规则大斑块，病斑上产生黑点。

防治方法 加强肥水管理，促使苗木和林木生长健壮，提高抗病力。发病时使用10%苯醚甲环唑（世高）1200倍液、25%咪鲜胺（使百克）1200倍液对玄参斑枯病有显著效果。

3. 锈病

锈病由担子菌亚门、柄锈菌属真菌侵染引起，主要危害部位是叶片、幼嫩的茎秆，作物受害后，叶片出现褪绿斑，以后产生栗褐色孢子堆，后期产生黑褐色冬孢子，发病严重时病叶变黄变枯，对中药材产量和品质造成巨大的损失。

防治方法 ①选择抗病品种，清洁田园和深耕，轮作倒茬。②播种前用50℃温水浸种20分钟，冷却晾干后播种，或用种子重量的0.3%的15%粉锈宁拌种。③发病早期，可用15%粉锈宁400倍液进行叶面喷雾防治。④避免过多过迟施用氮肥，增施磷、钾肥，增强植株抗病性。⑤合理灌溉，将病害的发生和产量损失减少到最低程度。

4. 立枯病

立枯病为多数药材种苗期最常见的病症。最初是幼苗基部出现褐斑，进而扩展成绕茎病斑，病斑处失水干缩，致使幼苗成片枯死。该病往往在3～4月发病，对幼苗危害较大，往往会导致叶片枯萎并发生倒苗。

防治方法 一旦发现病株，应及时将病株拔除，并周围洒上石灰粉以达到消毒的目的，并采用浓度为65%的代森锌600倍液进行喷雾防治，也可以采用浓度为50%的多菌灵溶液，喷雾间隔期为5～7天，连续喷洒2～3次即可。

5. 蜗牛和蛞蝓

蜗牛和蛞蝓都属于软体动物，雌雄同体，一般发生于雨季。一般白天潜伏在阴湿处，夜间爬出活动危害，是一类难以根治的害虫。蜗牛和蛞蝓主要取食嫩芽、新叶和暴露的根，对作物产量影响较大。

防治方法 用蜗牛净或用麸皮拌敌百虫，撒在其活动的地方进行诱杀；或在栽培床及周边环境喷洒敌百虫、溴氰菊酯，也可撒生石灰、饱和食盐水；也可选用蜗克星、密达等杀蜗剂在日落到天黑前撒施，必要时可于2周后追加1次；也可采取人工捕捉方法进行防治；及时清除枯枝败叶。

6. 地老虎

地老虎又名土蚕、截蚕，多发生于多雨潮湿的4～6月。幼虫以茎叶为食，咬断嫩茎，造成缺苗断垄；稍大后，则钻入土中，夜间出来活动，咬食幼根、细苗，破坏植株生长。

防治方法 粪肥须高温堆制，充分腐熟后再施用；3月下旬至4月上旬铲除地边杂草，清除枯落叶，消灭越冬幼虫和蛹；用75%辛硫磷乳油按种子量的0.1%拌种；日出前检查被害株苗，挖土捕杀；危害严重时，用75%辛硫磷乳油700倍液，进行穴灌，或喷洒90%敌百虫600倍液。

7. 蚜虫

蚜虫多发于4～6月，立夏前后，特别是阴雨天蔓延更快。它的种类很多，形态各异，体色有黄、绿、黑、褐、灰等，为害时多聚集于叶、茎顶部柔嫩多汁部位吸食，造成叶子及生长点卷缩，生长停止，叶片变黄、干枯。蚜虫为害的药用植物极多，几乎所有药用植物都受其危害。

防治方法 彻底清除杂草，减少其迁入的机会；在发生期可用40%乐果1000～1500倍稀释液或灭蚜松（灭蚜灵1000～1500倍稀释液）喷杀，连喷多次，直至杀灭。

8. 蛴螬

蛴螬为金龟子的幼虫，为主要的地下害虫，咬食作物的根、块茎或幼苗。成虫咬食叶片造成缺刻或吃光叶片，严重影响作物的生长，使药材产量大大降低。

防治方法 在成虫盛发期用90%敌百虫，800～1000倍喷雾或用90%敌百虫每亩用

100～150克加少量水稀释后伴细土15～20千克撒施。防治幼虫：用上述方法制成毒土，撒播种子和毒土隔开，或用敌百虫800倍液灌根，都有很好效果。

五、中药材相关政策法律法规

1.《中华人民共和国药品管理法》（节选）

第四条　国家发展现代药和传统药，充分发挥其在预防、医疗和保健中的作用。国家保护野生药材资源和中药品种，鼓励培育道地中药材。

第十六条　国家支持以临床价值为导向、对人的疾病具有明确或者特殊疗效的药物创新，鼓励具有新的治疗机理、治疗严重危及生命的疾病或者罕见病、对人体具有多靶向系统性调节干预功能等的新药研制，推动药品技术进步。

国家鼓励运用现代科学技术和传统中药研究方法开展中药科学技术研究和药物开发，建立和完善符合中药特点的技术评价体系，促进中药传承创新。

第二十四条　在中国境内上市的药品，应当经国务院药品监督管理部门批准，取得药品注册证书；但是，未实施审批管理的中药材和中药饮片除外。实施审批管理的中药材、中药饮片品种目录由国务院药品监督管理部门会同国务院中医药主管部门制定。

申请药品注册，应当提供真实、充分、可靠的数据、资料和样品，证明药品的安全性、有效性和质量可控性。

第三十九条　中药饮片生产企业履行药品上市许可持有人的相关义务，对中药饮片生产、销售实行全过程管理，建立中药饮片追溯体系，保证中药饮片安全、有效、可追溯。

第四十四条　药品应当按照国家药品标准和经药品监督管理部门核准的生产工艺进行生产。生产、检验记录应当完整准确，不得编造。

中药饮片应当按照国家药品标准炮制；国家药品标准没有规定的，应当按照省、自治区、直辖市人民政府药品监督管理部门制定的炮制规范炮制。省、自治区、直辖市人民政府药品监督管理部门制定的炮制规范应当报国务院药品监督管理部门备案。不符合国家药品标准或者不按照省、自治区、直辖市人民政府药品监督管理部门制定的炮制规范炮制的，不得出厂、销售。

第四十八条　药品包装应当适合药品质量的要求，方便储存、运输和医疗使用。

发运中药材应当有包装。在每件包装上，应当注明品名、产地、日期、供货单位，并附有质量合格的标志。

第五十五条　药品上市许可持有人、药品生产企业、药品经营企业和医疗机构应当从药品上市许可持有人或者具有药品生产、经营资格的企业购进药品；但是，购进未实施审批管理的中药材除外。

第五十八条　药品经营企业销售中药材，应当标明产地。

第六十条　城乡集市贸易市场可以出售中药材，国务院另有规定的除外。

第六十三条　新发现和从境外引种的药材，经国务院药品监督管理部门批准后，方可销售。

第一百五十二条　中药材种植、采集和饲养的管理，依照有关法律、法规的规定执行。

第一百五十三条　地区性民间习用药材的管理办法，由国务院药品监督管理部门会同国务院中医药主管部门制定。

2.《中华人民共和国中医药法》（节选）

第三章　中药保护与发展

第二十一条　国家制定中药材种植养殖、采集、贮存和初加工的技术规范、标准，加强对中药材生产流通全过程的质量监督管理，保障中药材质量安全。

第二十二条　国家鼓励发展中药材规范化种植养殖，严格管理农药、肥料等农业投入品的使用，禁止在中药材种植过程中使用剧毒、高毒农药，支持中药材良种繁育，提高中药材质量。

第二十三条　国家建立道地中药材评价体系，支持道地中药材品种选育，扶持道地中药材生产基地建设，加强道地中药材生产基地生态环境保护，鼓励采取地理标志产品保护等措施保护道地中药材。

前款所称道地中药材，是指经过中医临床长期应用优选出来的，产在特定地域，与其他地区所产同种中药材相比，品质和疗效更好，且质量稳定，具有较高知名度的中药材。

第二十四条　国务院药品监督管理部门应当组织并加强对中药材质量的监测，定期向社会公布监测结果。国务院有关部门应当协助做好中药材质量监测有关工作。

采集、贮存中药材以及对中药材进行初加工，应当符合国家有关技术规范、标准和管理规定。

国家鼓励发展中药材现代流通体系，提高中药材包装、仓储等技术水平，建立中药材流通追溯体系。药品生产企业购进中药材应当建立进货查验记录制度。中药材经营者应当建立进货查验和购销记录制度，并标明中药材产地。

第二十五条　国家保护药用野生动植物资源，对药用野生动植物资源实行动态监测和定期普查，建立药用野生动植物资源种质基因库，鼓励发展人工种植养殖，支持依法开展珍贵、濒危药用野生植物的保护、繁育及其相关研究。

第二十六条　在村医疗机构执业的中医医师、具备中药材知识和识别能力的乡村医生，按照国家有关规定可以自种、自采地产中药材并在其执业活动中使用。

第二十七条　国家保护中药饮片传统炮制技术和工艺，支持应用传统工艺炮制中药饮片，鼓励运用现代科学技术开展中药饮片炮制技术研究。

第二十八条　对市场上没有供应的中药饮片，医疗机构可以根据本医疗机构医师处方的需要，在本医疗机构内炮制、使用。医疗机构应当遵守中药饮片炮制的有关规定，对其炮制的中药饮片的质量负责，保证药品安全。医疗机构炮制中药饮片，应当向所在地设区的市级人民政府药品监督管理部门备案。

根据临床用药需要，医疗机构可以凭本医疗机构医师的处方对中药饮片进行再加工。

第二十九条　国家鼓励和支持中药新药的研制和生产。

国家保护传统中药加工技术和工艺，支持传统剂型中成药的生产，鼓励运用现代科学技术研究开发传统中成药。

第三十条　生产符合国家规定条件的来源于古代经典名方的中药复方制剂，在申请药品批准文号时，可以仅提供非临床安全性研究资料。具体管理办法由国务院药品监督管理部门会同中医药主管部门制定。

前款所称古代经典名方，是指至今仍广泛应用、疗效确切、具有明显特色与优势的古代中医典籍所记载的方剂。具体目录由国务院中医药主管部门会同药品监督管理部门制定。

第三十一条　国家鼓励医疗机构根据本医疗机构临床用药需要配制和使用中药制剂，支持应用传统工艺配制中药制剂，支持以中药制剂为基础研制中药新药。

第三十二条　医疗机构配制的中药制剂品种，应当依法取得制剂批准文号。但是，仅应用传统工艺配制的中药制剂品种，向医疗机构所在地省、自治区、直辖市人民政府药品监督管理部门备案后即可配制，不需要取得制剂批准文号。

医疗机构应当加强对备案的中药制剂品种的不良反应监测，并按照国家有关规定进行报告。药品监督管理部门应当加强对备案的中药制剂品种配制、使用的监督检查。

第四十三条　国家建立中医药传统知识保护数据库、保护名录和保护制度。

中医药传统知识持有人对其持有的中医药传统知识享有传承使用的权利，对他人获取、利用其持有的中医药传统知识享有知情同意和利益分享等权利。

各 论

砂仁

本品为姜科豆蔻属多年生草本植物阳春砂*Amomum villosum* Lour.、绿壳砂*Amomum villosum* Lour. var. *xanthioides* T. L. Wu et Senjen和海南砂*Amomum longiligulare* T. L. Wu的干燥成熟果实，为我国四大南药之一，是药食两用商品。其中以阳春砂品质最佳，为国产砂仁药材的主流品种。国内阳春砂主产云南、广东、广西、福建等省区，均为栽培，近年来老挝也开始进行人工种植；绿壳砂主要分布于云南省西双版纳州及其邻近地区，以及老挝、缅甸、越南等东南亚国家，多为野生；海南砂主产海南，野生或少量栽培，资源量少。本节砂仁主要为阳春砂。

一、植物特征

阳春砂为多年生草本，株高可达1～3米，茎直立、散生；根茎匍匐地面，节上有鞘状膜质鳞片。叶2列，狭长圆形或线状披针形，基部近圆形或楔形，无柄或近无柄；叶舌近圆形，长约3～5毫米。花葶从根茎上抽出，穗状花序；苞片披针形，黄白色，顶端钝尖；花萼白色，长约2.2厘米，先端3浅裂，花冠管细长，先端3裂。雄蕊三枚，其中两枚退化，着生于子房上端。蒴果椭圆形或卵圆形，长1.5～2厘米，宽1.2～2厘米，成熟时紫色或紫褐色，干后褐色，外被刺状的柔刺；种子多数。花期3～6月；果期6～9月。（图1）

1. 阳春砂仁与绿壳砂及海南砂的区别

据调查发现，目前市场上流通的砂仁商品主要为阳春砂，此外有少量绿壳砂，未见有海南砂。其主要区别详见表1。

阳春砂果　　　　　　　　　　　　　　　　　　阳春砂花

图1　阳春砂植物学特征

表1　阳春砂、绿壳砂、海南砂的主要区别

	类别	阳春砂	绿壳砂	海南砂
植物形态	叶	狭长椭圆形、线状披针形	披针形、矩圆状披针形	线形、线状披针形
	叶舌	近圆形，长1厘米以下	近圆形，长1厘米以下	披针形，长2~4.5厘米
	根茎先端芽	红色或绿色	绿色	绿色
	成熟鲜果	紫红色	绿色	棕红色或褐黑色
药材性状	果实	卵圆形、卵形或椭圆形，棕褐色或紫褐色，果皮薄，有不明显的钝三棱，被刺状的柔刺	卵形、卵圆形或椭圆形，黄棕色、浅褐色或棕色，果皮薄，有不明显的钝三棱，被刺状的柔刺	椭圆形或卵圆形，棕褐色，果皮较厚而硬，有明显的钝三棱，被片状、分裂的短柔刺
	种子团及种子	种子团椭圆形或卵圆形，种子表面棕红色或棕褐色	种子团卵圆形或椭圆形，种子表面灰棕色或红棕色	种子团较小，卵圆形、椭圆形或圆球形，种子表面红棕色、深棕色或灰棕色
	气味	气芳香而浓烈、味辛凉，微苦	气芳香、味辛凉，微苦	气芳香、味辛凉，微苦。气味较淡

2. 阳春砂和伪品艳山姜的主要区别

在四川、贵州、云南等地种植的一种名为"香砂仁"的植物，主要作为香料用于火锅底料、卤料中。经调查研究，该植物为姜科山姜属植物艳山姜*Alpinia zerumbet*（Pers.）Burtt. et Smith。各地超市、市场上经常将艳山姜标注为"砂仁"出售，易产生混淆，应注意区分。阳春砂与艳山姜的主要区别详见表2，艳山姜植株及商品图见图2。

表2　阳春砂和艳山姜的主要区别

名称	别名	主产地	植物形态特征区别
阳春砂	砂仁、春砂仁	云南、广东、广西、福建	花序生于单独由根茎发出的花葶上；果实具翅或柔刺或纵线条
艳山姜	香砂仁、川砂仁、土砂仁	四川、贵州、广西、云南	花序生于茎的顶端；果实多光滑或具硬毛

艳山姜植株　　　　　　　　　　　　　　　艳山姜商品

图2　艳山姜植株及商品形态

二、资源分布概况

滇西边境片区适宜栽培阳春砂的区域集中在西双版纳州勐腊县、景洪市、勐海县低海拔区域，文山州的马关县，红河州的金平县、元阳县、绿春县、河口县，普洱市的江城县、宁洱县、景谷县、澜沧县、西盟县、孟连县，临沧市永德县、耿马县、沧源县、双江县，保山市的隆阳区、龙陵县、施甸县，德宏州的潞西市，怒江州的泸水市。适宜区的总体特征为南亚热带气候，具有丰富的自然植被，水源充足，空气湿度较大，多为大江大河流域河谷区。

三、生长习性

阳春砂为半阴生植物，常种植于人工常绿阔叶林或天然林下，喜漫射光，忌阳光直射，育苗期和1～2年生苗要求荫蔽度70%～80%，开花结果期的荫蔽度以50%～60%为宜。阳春砂生长适宜温度22～28℃，能忍受0℃的短暂低温，但较长时间的0℃或有严重霜冻，直立茎受冻死亡。空气相对湿度一般要求在75%～90%，孕蕾期至开花结果期空气相对湿度90%以上。阳春砂生长发育对土壤的要求不甚严格，以肥沃疏松、排水良好、富含有机质的壤土或砂质壤土为佳，含水量在25%左右为适。立地环境一般要求在中间有水流的山间谷地，或一面开旷、三面环山的簸箕形山窝地，坡度在25°以下，最好在5°～10°之间。阳春砂为典型的虫媒植物，其花器构造特殊：一是柱头高于雄蕊，花药隐藏于花瓣；二是花粉黏重，不易散播。因此，需特殊的昆虫传粉或人工辅助授粉才能结实，彩带蜂、大蜜蜂（排蜂）、中蜂、无刺蜂等是其主要的授粉昆虫。综上所述，具有水声、风声、鸟声、虫声的山沟或山谷地适宜种植阳春砂。（图3）

西双版纳天然林下种植阳春砂　　　　　　马关县人工林下（苦楝）种植阳春砂

图3　阳春砂种植生境

四、栽培技术

（一）育苗技术

1. 种子苗培育

（1）苗圃地选择　苗圃地应选择在交通便利、地势平坦、排灌方便、土壤疏松的砂壤土或壤土地块。

（2）整地作床　播种前1个月整地，包括翻耕、耙地、平整、镇压。要求做到深耕细整，清除草根、石块，地平土碎，深度约30厘米。每亩施过磷酸钙20～25千克，厩肥或土杂肥1250～1500千克作底肥。耕耙后作育苗床，宽1米，高15～20厘米，长度视地形而定，并搭好荫棚架，保持70%～80%的荫蔽度。

（3）种子采收　选择果粒大，种子饱满，无病虫害的植株作采种母株。当果实由鲜红转为紫红色，种子由白色变为褐色或黑色，有浓烈辛辣味时采收。

（4）种子处理　将选取的鲜果置于较柔和的阳光下晒2～3小时，连晒2天，再放置3～4天，然后加等量的细沙和少量清水揉擦去果肉种衣，再用清水漂净阴干，采用湿沙层积20天后播种。播前用3∶1种子混粗沙进行摩擦，以擦薄种皮，或用100毫克/升赤霉素浸种30小时，捞出阴干播种。

（5）播种期　秋季播种宜在当年九月底前完成，或潮沙贮藏至翌年春季三月份播种。

（6）播种方法

①催芽法：先在沙床上催芽，再假植的播种方式。沙床上每平方米播36克种子，撒播或条播。将沙子与种子按照5∶1混匀，撒播，覆盖1～2厘米厚沙层；或开行距10厘米，沟深2～3厘米的小沟，沟内均匀条播种子，覆沙平沟。播种后搭30～40厘米高塑料拱棚，温度过高时揭膜。当苗木具5～6片真叶时，从沙床上取苗，按20厘米×10厘米行株距移栽于假植床。

②直播法：直接在育苗床播种。每亩用种约3千克，撒播或条播。撒播同催芽法，条播开行距20厘米，沟深2～3厘米的小沟，沟内均匀播种子，覆沙平沟。

（7）苗期管理　苗期及时锄草和浇水，当苗移栽假植或直播成活后可适当追施有机肥或复合肥，苗期需注意预防和防治苗疫病。

2. 分株苗培育

（1）母株选择　选择历年丰产、生长健壮、分生能力强、无病虫害、穗大果多的母株。

（2）分株取苗　挖取株高60厘米以上，具5～10枚叶片，剪留20～30厘米长的老匍匐茎，且带1～2个嫩芽的壮实幼苗作种。

（3）分株苗扩繁　每年3～10月，选取分株苗按照1米×1米行间距假植于苗圃地。

（二）栽培技术

1. 选地整地

选择在自然林、人工林或人工遮阴条件下种植，种植地周边有长流水或灌溉条件。种植地适宜荫蔽度为40%～70%，遮阴树种宜选树冠冠幅大，叶片小、叶薄易腐烂、根深、保水力强的树种。坡向以南坡、西南坡或东南坡向为好，坡度不超过25°。自然林下根据林下空地情况耕翻种植，人工林或人工遮阴条件下根据地形地势耕翻分畦种植，畦宽3～5米，畦间留30～50厘米宽作业道。

2. 定植

（1）定植时间　四月至八月均可定植。在有灌溉的条件下，越早定植越好；无灌溉条件下，宜五月至六月阴雨天定植。

（2）种植密度　按株行距1.5米×1.5米栽植，每667m²约种300株。

（3）种植方法

①种子苗：按规格约30厘米×20厘米×10厘米挖穴，挖后回填表土3～5厘米，每穴栽苗1丛，覆土压实以不露须根为准，浇透定根水。

②分株苗：依据分株苗所带匍匐茎的长度挖浅沟，将分株苗老匍匐茎水平放置，用土覆盖，压实，直立茎基部膨大部分露出土面；新生匍匐茎嫩芽用松土覆盖，顶端露出土面。浇透定根水。

3. 田间管理

（1）补苗　苗木定植1个月后，根据苗木成活情况，及时补苗。

（2）除草　封行前，根据杂草情况采用人工方法除草，一般每月除草1次，不应使用化学除草剂。

（3）施肥　苗木定植1～2月成活并开始萌发新苗后，开始施复合肥，每1～2月施一次，每亩施肥0.75～1.5千克，直至砂仁苗完全封行。

开花结果后，二月下旬至三月上旬，每667m²施普通过磷酸钙25千克，硫酸钾20千克，尿素1.5～2.5千克，促进砂仁花芽分化。

四月下旬施促花肥，0.3%磷酸二氢钾和0.01%硼酸混合液喷施叶面、花苞。

秋季采果后，每亩施有机肥2500千克，尿素10千克，普通过磷酸钙20～25千克，培土盖至匍匐茎一半。

（4）调整荫蔽度　保持荫蔽度在40%～70%。

（5）保护传粉昆虫　保护产地周边大蜜蜂、中蜂等传粉昆虫；不应人为毁坏蜂巢取蜜，避免使用杀虫剂。

（6）排灌　花期如遇旱及时灌溉，保持土壤湿润，空气湿度宜保持在90%以上，土壤含水量24%～26%；雨季注意排除积水。

（7）清园　每年秋季收果后，将老、弱、病、枯苗全部割除，并移到砂仁地外，每平方米约保留30～40株。清除地面过厚的落叶。

（8）老园更新　砂仁定植10年后，苗群衰老，产量降低，宜进行更新种植。

（三）病虫害防治

1. 苗疫病

苗疫病是阳春砂苗期的主要病害。发病初期嫩叶叶尖或叶缘出现暗绿色，病部变软。叶片似开水烫过，呈半透明水渍状下垂而粘在茎秆上。严重时，迅速蔓延至叶鞘和下层叶片，使全株叶片干枯而死。病菌以菌丝及孢子附着于病叶残株上越冬，翌年4月侵染发病，5～8月气温高，育苗地过于荫蔽，通风条件较差，湿度大，低洼积水易发病。（图4）

防治方法　①育苗前用波美3度石硫合剂喷洒畦面消毒；②调整苗期荫蔽度，搞好排水，增施火烧土、草木灰等；③出苗后15天每隔7天交替喷多菌灵、百菌清或代森锰锌等广谱杀菌剂700倍液进行预防；④发病初期及时清除病苗并集中烧毁，立即喷甲霜灵可湿性粉剂800～1000倍液，每隔4天喷1次，连续喷4次。

图4　阳春砂苗疫病

2. 叶枯病

叶枯病是阳春砂成株的主要病害。为害叶片和叶鞘。发病初期为褪绿色小点，逐渐扩大成近圆形或不规则形黄褐色水浸状病斑，边缘不清晰；后期病斑较大，中央呈灰白色，边缘棕褐色。通常多从下部老叶逐渐向上蔓延。严重时整株叶片枯死，继而茎秆枯干。此病终年可发生，主要发病高峰期在每年的11月份天气转冷时及次年3月份低温阴雨期，生长势弱的苗群发病尤为严重。（图5）

图5　阳春砂叶枯病

防治方法　①以农业措施为主，加强田间管理，推广抗病品种，合理轮作，提高砂仁的抗病能力等。每年9月采收果实后，及时割除枯、病及老弱苗，清除杂草；11月新苗萌生后，控制植株密度，改善通风条件；对病害严重的地块，及时挖除病株及其根茎，烧毁或深埋；增施有机肥或复合肥，特别是钾肥，以提高植株的抗病能力；对于发病严重的地区应采取全部去除老株，更新种植。②必要时辅以化学防治，发病初期叶正反面每隔7天交替喷洒多菌灵和百菌清可湿性粉剂700倍液等广谱杀菌剂。

3. 皱腹潜甲

以幼虫为害阳春砂果实，在果实内部形成孔洞，果实被害后，种子变黑褐至黑色，果皮也变为黑褐至黑色，严重者可令整个果实腐烂变黑。8～9月在采收的果实中仍有皱腹潜甲幼虫蛀食。关于皱腹潜甲的防治方法，目前尚在研究中。（图6）

4. 田鼠

于每年4～8月危害阳春砂的花及果实。危害后花残缺不全，果实被咬碎，种子被吃光，严重影响产量。

图6　皱腹潜甲（依次为危害症状、幼虫、蛹、成虫）

防治方法　以物理机械防治为主。结果期，用鼠夹、鼠笼于傍晚设置于砂仁地里进行人工捕杀。必要时用炒香的谷、糠或杂粮与敌鼠纳盐以100∶1拌匀，制成毒饵进行诱杀。每年二月至三月，在村寨集中灭鼠，控制鼠源。

五、采收加工

（一）采收

1. 采收时间

于阳春砂果实成熟期进行采收（采摘时将鲜果剥去果皮，种子颜色变为黑褐色时种子基本成熟）。不同地区或不同生态环境条件下种植的阳春砂，采收时间会有一些差异，通常适宜采收时间为8月底至9月底，应避免采收不成熟的果实。

2. 采收方法

用剪刀剪下整个带果的果穗，采摘时应避免直接用手拉扯果实造成果皮撕裂。（图7）

图7　阳春砂采摘方法（左图示用手扯果实易造成裂果，右图示用剪刀剪取果穗）

（二）初加工

砂仁不同加工方法见表3、图8。

表3　砂仁不同加工方法比较

加工方法		优点	缺点
传统烘干法	杀青–土灶（炉）烘干法	可分散加工，加工的砂仁紧实	费工费时；烘干温度不易控制，砂仁易烤焦；加工的砂仁外观色泽不均匀，并伴有烟熏味道；每批次加工量小；会对森林植被和生态环境等造成破坏和污染，不利于环保
	直接烘干法	操作简单，成本低，可分散加工	除具有以上缺点外，还存在果皮膨胀现象，果皮与果肉分离空隙大，储存或搬运过程中易受挤压而炸裂；长期储存易发霉，失去香气
晒干法	杀青–晒干法	可分散加工，加工的砂仁紧实	受天气条件限制，干燥周期长，堆捂易导致发霉，加工的砂仁外观色泽不均匀
	直接晒干法	操作简单，成本低，可分散加工	除具有以上缺点外，还存在果皮膨胀现象，不耐储存和搬运
电烤烘干法	直接电烤烘干法	工序简单，适合集约化加工；加工的砂仁保持了鲜果原有的色泽，有利于真伪砂仁的判别	加工成本略高，加工的砂仁也存在果皮膨胀现象
	杀青–电烤烘干法	加工的砂仁色泽均匀，果实紧实，搬运过程中不易被压炸，易储藏	加工成本略高

1. 传统烘干法

（1）杀青–土灶（炉）烘干法　通常采用自制的土灶（炉），烧柴源或煤源进行烘烤，分为杀青、回潮、复火三个工艺程序。

①杀青：将鲜砂仁放于筛上，摊平，用湿麻袋盖住。生火，温度控制在80～90℃。经2～3小时熏焙，砂仁果皮收缩变软约六七成干即可。

②回潮：取杀青后的砂仁装于麻包袋内或竹筐内，稍加压实封闭袋口，闷一夜，让其发汗回潮。

传统烘干法　　　　　　　　　　　　　晒干法

电烤烘干法　　　　　　左侧为经杀青烘干的砂仁，右侧未杀青

图8　砂仁不同加工方法比较

　　③复火：把回潮后的砂仁平坦于筛上，用炭火慢慢烤干。温度以70℃为宜，复火时间6～8小时，取出放凉即可。

　　（2）直接烘干法　不经杀青，直接将鲜砂仁用土灶（炉）烘干。

2. 晒干法

　　（1）杀青–晒干法　鲜砂仁经杀青后，薄薄地摊开在苇席或干净的水泥地上，或搭防雨塑料拱棚，让阳光充分照射而使其干燥。

　　（2）直接晒干法　不经杀青，直接将鲜砂仁摊于晒场晒干。

3. 电烤烘干法

　　（1）直接电烤烘干　采用热泵等电烤设备对砂仁进行烘干，通常加热温度不超过70℃。

（2）杀青–电烤烘干法　利用热泵等电烤设备，结合传统烘焙法，采用高温杀青、冷却回潮、低温复烤的工艺加工砂仁。具体方法如下。

①杀青：将鲜砂仁果实放入烘烤箱筛内，摊成约10厘米厚度。打开热循环风烘烤箱电源，将温度设置为90～100℃，待温度稳定后，将装有鲜砂仁的筛快速放入烘烤箱，进行杀青3～4小时。待果实变软变色，且手捏有水分溢出时，从烘烤箱内取出果实。

②冷却回潮：将杀青后的果实装入麻袋，用手轻轻压紧实，自然冷却12小时。

③复烤：把压实的果实重新装筛，采用热泵等电烤设备烘干，温度一般不超过70℃。

六、药典标准

1. 药材性状

呈椭圆形或卵圆形，有不明显的三棱，长1.5～2厘米，直径1～1.5厘米。表面棕褐色，密生刺状突起，顶端有花被残基，基部常有果梗。果皮薄而软。种子集结成团，具三钝棱，中有白色隔膜，将种子团分成3瓣，每瓣有种子5～26粒。种子为不规则多面体，直径2～3毫米；表面棕红色或暗褐色，有细皱纹，外被淡棕色膜质假种皮；质硬，胚乳灰白色。气芳香而浓烈，味辛凉、微苦。

2. 鉴别

（1）横切面　假种皮有时残存。种皮表皮细胞1列，径向延长，壁稍厚；下皮细胞1列，含棕色或红棕色物。油细胞层为1列油细胞，长76～106微米，宽16～25微米，含黄色油滴。色素层为数列棕色细胞，细胞多角形，排列不规则。内种皮为1列栅状厚壁细胞，黄棕色，内壁及侧壁极厚，细胞小，内含硅质块。外胚乳细胞含淀粉粒，并有少数细小草酸钙方晶。内胚乳细胞含细小糊粉粒和脂肪油滴。

（2）粉末特征　粉末灰棕色。内种皮厚壁细胞红棕色或黄棕色，表面观多角形，壁厚，非木化，胞腔内含硅质块；断面观为1列栅状细胞，内壁及侧壁极厚，胞腔偏外侧，内含硅质块。种皮表皮细胞淡黄色，表面观长条形，常与下皮细胞上下层垂直排列；下皮细胞含棕色或红棕色物。色素层细胞皱缩，界限不清楚，含红棕色或深棕色物。外胚乳细胞类长方形或不规则形，充满细小淀粉粒集结成的淀粉团，有的包埋有细小草酸钙方晶。内胚乳细胞含细小糊粉粒和脂肪油滴。油细胞无色，壁薄，偶见油滴散在。

3. 检查

水分不得过15%。

七、仓储运输

由于滇西边境地区空气湿度较大、雨水充足，砂仁的保存需要在阴凉干燥的环境，控制空气湿度在50%～60%，温度在25℃以下，以防霉变。运输过程避免重压，需要轻拿轻放，以免破坏砂仁的外观品相，不应与有毒、有害、有异味、易挥发、易腐蚀、潮湿的物品一起运输。

八、商品分级

根据商品性状，将云南种植的阳春砂商品分为以下三个等级。

一级：果皮与种子团紧贴无缝隙。种子团大小和颜色较均匀。种子表面棕红色或棕褐色，无瘪瘦果，籽粒饱满。每100克果实数≤170粒。炸裂果数≤5%。

二级：果皮与种子团之间多少有缝隙。种子表面棕红色或红棕色，有少量瘪瘦果。每100克果实数170～330粒。炸裂果数≤10%。

三级：果皮与种子团之间多少有缝隙。种子表面棕红色至红棕色、橙红色或橙黄色，瘪瘦果较多（＜25%）。每100克果实数≥330粒。炸裂果数≤15%。

九、药用食用价值

砂仁既是药材，又是食品。其根、茎、叶、花、果实都可供药用，也可食用，并以果实的药用价值最大，具有行气调中、化湿开胃、温脾止泻、止痛安胎的功效，主治腹痛痞胀、胃呆食滞、呕吐泄泻，妊娠胎动等。《中华人民共和国药典》（2015年版一部）中收载的成方制剂中有134个组方含有砂仁药材。

砂仁干果或子仁，可捣碎炖鸡、蒸排骨、煲猪骨汤用，既能消食，又能增添菜肴美味。未成熟果实可制作"砂仁糖""养胃口服液""砂仁酒"等保健食品；砂仁花及花果梗，可制作袋泡茶，常饮具有调中和胃、宽胸理气、化痰之功效；砂仁叶可提取精油。如果腹满胀痛，或吐泻，用砂仁叶油1～2滴，温开水冲服即可；也可作外用，治毒虫咬伤；阳春砂根茎可用来煲汤，有养胃益肾、行气消滞的功效。

十、发展现状及需要注意的问题

1. 砂仁发展现状

近年来，以砂仁为原料开发生产的中成药和保健、养生产品品种和产量不断增加，砂仁的市场年需求量2000多吨，而全国砂仁总产量不足1500吨，产不足销。同时，由于砂仁产量降低等因素的影响，砂仁价格由2005年的每公斤38元一路上升到2016年的每公斤400元左右。据资料显示，中药保健品市场份额年增长15%～25%，砂仁作为效果优异的传统保健品和调味品，其市场份额扩大概率十分明显，前景广阔。

20世纪50年代，阳春砂在我国仅产于广东省阳春地区；60年代开始云南、广西、福建等省相继引种栽培阳春砂；到了80年代中后期，云南产区砂仁产量迅速增加，约占全国总产量的65%；至90年代中期，其种植面积和产量均超过广东，跃居全国之首，成为我国阳春砂的第一大产区。目前云南产区阳春砂种植面积逾15万～20万亩，种植面积和产量均占全国80%以上。阳春砂种植成为云南西南、东南及南部山区半山区农民的主要经济来源。

2. 砂仁生产中存在的主要问题

云南种植阳春砂长期处于半野生状态，随着种植年限的增加，砂仁产业化栽培过程中出现了一系列问题。

（1）种质退化，种源不纯，商品质量参差不齐　长期以来阳春砂株群主要靠自然分株不断扩繁，容易导致种质退化；其次，种植的阳春砂和当地的绿壳砂混生长在一起，种源不纯，且极易杂交，致使商品外观品质性状参差不齐。

（2）缺乏种子种苗质量标准、标准化种植及采收加工技术　阳春砂种植一般8年左右即进入衰老期，应以复壮。但在实际生产中，种植户一次栽植后便"一劳永逸"，基本上不进行复壮，而长期靠自然分株进行繁殖，极易导致植株衰老退化，病虫害加剧，单产下降；其次，在云南南部产品由于有野生绿壳砂分布，阳春砂常常和绿壳砂混生长一起而杂交，导致阳春砂外观品质下降。因此建立种子种苗标准可从源头上为阳春砂的高产和品质提供保障。此外，目前阳春砂主要为农户种植，种植管理粗放，长期以来多处于"人种天养"的状态，产地加工技术落后，多处于以每家每户为单位的家庭式小而散的加工方式，加工方法以土灶烘烤和日晒为主，商品外观质量较差，种植和产地加工技术应加以规范和提升。

（3）新品种选育研究薄弱　长期以来人们较重视阳春砂在栽培技术、病虫害防治、化学成分、质量标准等方面的研究，阳春砂品种选育方面的研究滞后，目前生产中缺乏高产抗病性的优良品种。

3. 今后发展需注意的问题

针对目前阳春砂生产中存在的问题，在片区内栽培砂仁需要注意以下问题。

（1）开展砂仁优良品种选育。

（2）选择可靠的种苗来源，保证种苗的纯正。

（3）建立阳春砂规范化栽培和加工技术体系，并在生产中加大推广应用。

（4）以合作社的方式组织农民开展科学的栽培、采收、加工，保证砂仁的品质。

（中国医学科学院药用植物研究所云南分所　张丽霞　李海涛　唐德英　王艳芳 彭建明　牟燕）

草果 cao guo

本品为姜科豆蔻属多年生常绿丛生草本植物草果*Amomum tsao-ko* Crevost et Lemaire的干燥果实。

一、植物学特征

多年生草本，茎丛生，高达3米，全株有辛香气，地下部分略似生姜。叶片长椭圆形或长圆形，长40～70厘米，宽10～20厘米，顶端渐尖，基部渐狭，边缘干膜质，两面光滑无毛，无柄或具短柄，叶舌全缘，顶端钝圆，长0.8～1.2厘米。穗状花序不分枝，长13～18厘米，宽约5厘米，每花序约有花5～30朵；总花梗长10厘米或更长，被密集的鳞片，鳞片长圆形或长椭圆形，长5.5～7厘米，宽2.3～3.5厘米，顶端圆形，革质，干后褐色；苞片披针形，长约4厘米，宽0.6厘米，顶端渐尖；小苞片管状，长3厘米，宽0.7厘米，一侧裂至中部，顶端2～3齿裂，萼管约与小苞片等长，顶端具钝三齿；花冠红色，管长2.5厘米，裂片长圆形，长约2厘米，宽约0.4厘米；唇瓣椭圆形，长约2.7厘米，宽1.4厘米，顶端微齿裂；花药长1.3厘米，药隔附属体3裂，长4毫米，宽11毫米，中间裂片四方形，两侧裂片稍狭。蒴果密生，熟时红色，干后褐色，不开裂，长圆形或长椭圆形，长2.5～4.5厘米，宽约2厘米，无毛，顶端具宿存花柱残迹，干后具皱缩的纵线条，果梗长2～5毫米，基部常具宿存苞片，种子多角形，直径4～6毫米，有浓郁香味。花期4～6月；果期9～12月。（图1）

图1　草果植物图

二、资源分布概况

2007～2018年间，云南省农业科学院药用植物研究所对云南省20余个县市草果的资源情况进行了调查，重点对云南草果种植较为丰富的怒江州、红河州、文山州进行了调查，同时对德宏州、保山市、临沧市等也进行了走访及实地调查，掌握了草果在云南的主要分布区域和资源状况。草果主要分布于怒江、保山、德宏、临沧、红河、文山等地海拔700～2000米，年均气温较高，空气湿度大的沿江或沿河地区。

2017年据云南省农业厅统计，全省草果种植面积为171万亩，占全国种植面积95%以上，产草果2.79万吨，农业产值达23亿元，其中仅怒江州就有103万亩，其他如滇西片区的保山、德宏、临沧均有大量种植；滇南及滇东片区的红河、文山，以及西双版纳和普洱均有种植。

三、生长习性

草果资源主要分布于温暖而阴凉的山区气候环境。草果一怕霜冻，以年平均气温18～20℃为适宜，在绝对低温为1℃时，不出现冻害现象；二怕干旱，首先开花期在4～5月，相对湿度要求在80%左右，开花期要求雨量充沛、空气湿度较高。但若雨量过多，会造成烂花不结果，若开花季节遇上天旱，花多数干枯而不能坐果；三怕热，草果是阴生植物，不耐强烈日光照射，喜有树木蔽荫的环境，一般郁闭度0.5～0.7为宜。（图2）

图2　草果生长环境

四、栽培技术

（一）选地

选择海拔在1200～2000米之间。坡向以阴坡为主，尤其是坐南向北的坡向为佳，日照时间短，有利于保湿。郁闭度每亩约种植遮阴树10～16株，遮阴树以旱冬瓜为好，郁闭度在0.5～0.7之间，保证光照强度在30%～40%。土壤以森林黄壤、棕壤为佳，腐殖质层深厚。相对湿度林内空气相对湿度应保持80%以上，土壤湿度常年保持湿润。

（二）整地

清理下层杂草，铲除下层蕨类、禾本科杂草、小灌丛等。打塘沿山坡等高线挖塘，因草果属浅根系植物，塘规格宜大不宜深，一般为长80厘米、宽80厘米、深40厘米或长60厘米、宽60厘米、深40厘米。挖塘后30天左右回填塘，使挖出的土和空塘充分暴晒，让土壤干、散后再回土，回填土时应先填放枯枝落叶物和地表土，约占塘深20厘米，然后用取出来的表土拌腐熟的农家肥或油枯1～2千克＋过磷酸钙0.5千克回填10～16厘米，余下部分用挖塘挖出来的新土填满，略高出塘面10厘米，呈龟背形。种植密度土地条件较好的地方，亩可栽植111～134塘，行距为2米×2.5米或2米×3米。在土地条件较差的地方，以适当加大密度，每亩可栽植166塘，株行距为2米×2米。（图3）

图3　草果种植整地

（三）定植

定植时间最好在农历五月至立秋前或秋末冬初，这段时间阴雨天较多，雨量充沛，气温高，空气湿度大，土壤潮湿，所以移栽后成活率高，并有较长的生长期。（图4）

草果移栽方法有育苗移栽和分株移植两种。

（1）育苗移栽时，按栽植密度，每塘栽植1～3苗。要使苗木根系在塘中自然舒展，填土后用脚踩压，使根系与土壤密切结合。

图4　草果定植

（2）分株移植的株行距一般为2～3米，坑塘的规格为长70厘米、宽60厘米、深30厘米。在健壮植株丛中分裂出健壮的单株，分株后按南向标记移植塘中，移植时将茎及须根埋入土中，距地表8～10厘米，用土压紧，细土覆盖。

（四）抚育管理

抚育管理包括幼苗龄管理、成苗龄管理、施肥、培土、调节透光度。

（1）幼苗龄期管理　幼苗龄期就是指在定植后到开花前，大约3年，最重要的就是抚育管理，一年要除三次杂草。第一次是发生在雨季前，这要确保植株可以吸收足够的水分，并阻止杂草疯长；第二次一般是在7～8月进行，由于这段时间的气温太高，降雨量充足，非常适合植株与杂草的生长，所以要及时除去杂草，避免与植株争夺有利因素；第三次在11～12月，在除草是要适当施加磷钾肥以及草木灰。在抚育管理中，要及时扶正并培土一些栽植不正的幼苗；如发现死苗的情况，要及时补栽，这样才可以保证单位面积内的产量。

（2）成苗龄期管理　草果在定植后的3～5年里，进行较快的分株生长。母株要经过大量的分株，最终形成一个群体，然后开花结果，逐渐达到成龄阶段。这期间要做好培土工作，才能保证草果今后的经济收益。

在成苗龄期，要提供充足的水源，依据草果的生长发育，适当地调整水肥管理，这样才可以提高草果的产量，并延长其经济寿命。成苗龄期的抚育管理主要是依据土地的条件与植株的生长状况来进行合理的除草、施肥、培土以及调整荫蔽度等。其抚育管理也是一年进行三次。第一次在3～4月进行除草，由于这期间草果正处于开花的时节，及时除去杂草或枯枝落叶，可以阻止杂草与植株争夺水肥以及枯枝落叶对花穗掩盖，从而影响到其开花及昆虫传粉；第二次应在7～8月进行除草，主要是确保养分全部被植株吸收，来促进果实的发育，籽粒的饱满；第三次应在11～12月收果后进行除草，同时还要除去枯、残、病的茎秆，从而提升林内的通风透光性，促进花、叶、芽的分化。

（3）施肥　幼苗龄期由于林地内的土层中含有丰富的腐殖质，且土壤也比较湿润疏松，相对比较肥沃，幼苗在定植后所需的养分可以就地吸收，基本充足。但进入成龄期后，植株常年固定在一处，土壤中的养分被植株不断地消耗，就会导致其养分减少，这就需要人工的及时补充，这样才能保证成龄后的生长发育。合理有效的施肥，一般是在11～12月草果采收后进行，注意施肥前要除去老植株，每丛施腐熟干细农家肥1.5千克，钙镁磷0.5千克，腐殖土3～5千克，拌匀后直接撒施于草果丛下。（图5）

（4）培土　由于草果是多年生常绿草本植物，根茎沿地表蔓延，因此，栽培后地面不能进行彻底松土，不能深挖草果地，每年都要适量培土，促进植株的分株和根系的生长，开花季节千万不可培土，否则会将草果花蕾掩起来，导致腐烂、减产。培土的时间应在收草果后的12月左右，也可和施肥同时进行。（图6）

（5）调节透光度　草果透光度一般应保持在40%～50%，过于荫蔽，草果徒长，开花结果少，除草和培土时应经常疏枝疏林，将过密的树枝砍去，过密的林木间伐。

图5　草果施肥　　　　　　　　　　　　　　图6　草果培土

（五）病虫害防治

1. 主要病害及防治方法

草果主要病害有叶斑病、叶瘟、疫病、姜蕉病和花腐、果腐病。

（1）叶斑病　草果叶斑病又分为茎点霉（*Phoma* sp.）叶斑病、姜叶点霉（*Phyllosticta zingiberi*）叶斑病、盘多毛抱属（*Pestalotia* sp.）叶斑病和交链抱属（*Alternaria* sp.）叶斑病。（图7）

①茎点霉叶斑病：病原菌从叶缘开始感染向叶脉扩张，从叶缘向叶脉扩展，病斑颜色呈现灰黄→淡黄→黄褐→黑色的变化，病斑有时连成片状；叶缘有褐色的锈斑，起初为锈斑，呈点状，成熟后变黑粒点，在叶面呈点状分布，为病原菌的分生孢子器。

②姜叶点霉叶斑病：病斑生于叶上，初期椭圆形、近圆形或不规则形，病斑边缘有黄褐色晕圈，中央白色，直径1～11毫米，后期病斑连成片。

③盘多毛抱属叶斑病：病斑从叶缘向叶脉扩展初为褐色，以后变白，病斑点状或连成片；后期长满黑粒，为病原菌子实体分生孢子盘。

④交链抱属叶斑病：病菌从叶尖或叶缘入侵，并沿主脉扩展，初为褐色，后变白；面或叶背产生黑褐色的斑点，叶脉和叶尖受害严重，病叶绿色不匀；病害严重时叶片枯黄、脱落。

防治方法　①农业防治：种植密度合适，定期割除病枯叶，减少侵染菌源；调整适合的隐蔽度，保持草果园通风透光；加强肥水管理。施足基肥，增施有机肥和钾肥，旱季定期灌水，雨季注意排水，促进草果植株生长旺盛，提高抗病力；喷撒0.5%波尔多液对草果的叶片、花序有一定的保护作用；在草果种植园内的病重区可以连喷2～3次，间隔期

图7　叶斑病发病症状

7~10天。②药剂防治：喷施春雷霉素、多菌灵、代森锌、百菌清、70%甲基托布津等杀菌剂喷雾均有防效。

（2）叶瘟　该病害由变异梨孢菌引起，主要症状为叶上最初出现水渍状斑点，后逐步扩大为菱形、梭形、纺锤形，中部灰白色，周围褐色，边缘呈褪绿色，大小（7~33）毫米×（6~17）毫米；环境湿度大时，病斑表面出现褐色霉层；随后病斑扩大，互相连接致使叶片枯萎，植株死亡。（图8）

图8　叶瘟发病症状

防治方法　①农业防治方法同"叶斑病"。②药剂防治：发病初期选用具有保护和治疗作用较强的新型药剂（如35%三浮唑悬浮剂、25%咪鲜胺乳油、多菌灵可湿性粉剂等）喷施1~2次进行防治。对于发病严重的地块，可将病株及时铲除，并用石灰或杀菌剂进行土壤消毒。

（3）疫病

该病害由恶疫霉引起，其症状为草果成株期至结果期均可发病，整个植株部位均可侵染危害，发病轻的病斑边缘黄褐色，发病严重的由黄褐色转变为黑色；病株根状茎部呈水浸样腐烂，导致植株死。成株期至结果期，根茎部水浸状腐烂，导致植株死亡。（图9）

图9　疫病发病症状

防治方法　农业防治方法包括改善排水和通风条件，冬季适当增加磷钾肥和草木灰，以增强植株的抗性能力。在草果的疫病发病初期和中期，每亩地用100克百菌清或春雷霉素结合新高脂膜，加水30～40千克喷雾防治，每隔7～10天喷雾，连续喷2～3次。

（4）萎蔫病　是由*Glomerella* sp.、*Colletotrichum* sp.和*Fusarium* sp.多个病菌引起，主要为害幼苗，一般在3～4月发病，造成叶片枯萎，严重时成片倒苗；

图10　萎蔫病发病症状

成株根茎水渍状发软腐，植株会出现倒伏现象；果实成熟前期，蒴果会由红色、暗红色渐变为绛红、紫褐色直至自然脱落，未脱落的果实切开，可见种子间的隔膜变为褐色，严重者会散发出霉腐酒糟味。（图10）

防治方法　农业防治方法同上，其药剂防治方法为在发病初期每亩选用75%的百菌清100～150克，或70%甲基托布津100克，加水30～40千克喷雾防治，每隔7～10天喷雾1次，连续2～3次。对于发病严重的地块，可将病株及时铲除，并用石灰或杀菌剂进行土壤消毒。

（5）花腐、果腐病　由腐霉菌等复合侵染引起，其症状为花湿腐，早落。花穗柄也有酒糟味，病花多，全穗花均易腐烂，连一个草果都不能结在花穗轴上。草果生了果腐病时，病菌由下而上浸染，致使果穗腐烂，果子腐烂由花蒂开始，然后逐渐漫延。病斑有水渍状的晕圈，于后有白色的絮状物和粉粒状物。

防治方法　避免沟水长期淹塘。沟边地段应适当稀植。在开花初期，可喷0.5%波尔多液保护花序。病重区连喷2～3次，每次间隔7～10天。

2. 主要虫害及防治方法

草果主要虫害有草果螟虫、斑蛾、蝗虫和蚊蛆。

（1）草果螟虫 草果螟虫是为害草果茎部的主要害虫，它以幼虫钻入植物茎内，使植株枯萎，严重时茎折。（图11）

防治方法 ①农业防治：调运苗木时，注意不调运带虫种苗；及时剪掉枯心的植株，并集中烧毁，消灭越冬虫源；②生物防治：以菌治虫，使用苏云金杆菌或白僵菌进行防治；③用50%杀螟松乳油800～1000倍液进行喷洒防治。另外，5%锐劲特悬乳剂、1.8%阿维菌素40毫升/亩、55%特杀螟、BT制剂50克+18%杀虫双水剂、48%乐斯本可选用。

图11 草果螟虫危害症状

（2）蝗虫 成虫与若虫食性相同食，草果叶量大。蝗虫多时，草果叶几乎可被吃光，严重影响草果生长发育、开花结果，甚至一片片地死亡。

防治方法 用捕虫网捕捉（用八号铁丝弯成圈，挂上纱布罩，扎在一根长木柄上），查找卵块集中消灭。

（3）斑蛾 主要是幼虫危害。幼虫毛虫状，约有5龄，幼虫吐丝缀合叶片成饺子状，在里面食害，使受害叶最后发生焦枯状。幼虫食叶量大，老熟幼虫在苞叶中做网状茧化蛹，蛹成熟时，成虫飞出，即为斑蛾。成虫白天潜伏在叶背不动，黄昏后活动及交尾、产卵，孵化幼虫，又进行第二次危害。初龄幼虫先后在叶背取食叶肉，仅留表皮呈网状。草果叶大量被危害后，营养不足，花穗不易抽出，或仅抽出小花穗，结果实较少。

防治方法 清除叶片苞。烧去幼虫、茧、蛹，或捕捉成虫，及时清除已结过草果的植株，用土埋好。3～4月幼虫多在花苞上活动，花苞未开放前，用巴丹50%可溶性粉剂1000倍液（有效浓度500ppm），于花苞处均匀喷雾。

（4）蚊蛆 蚊蛆即为蚊子的幼虫，体躯细长、柔软、呈灰褐色。是由于大号长足蚊子把卵产于草果根下的泥土中，孵化出幼虫。幼虫在草果根下爬动，机械性地损伤草果根及根茎，造成危害。

防治方法 当发现有其危害时，用杀虫的农药如敌杀死、甲胺磷、地虫硫磷、来福磷等拌土撒到蚊蛆危害的地方。或直接兑水浇灌在蚊蛆危害的地方，再培土。

3. 其他危害

其他危害有草害、烈日暴晒、旱害和鼠害等。

（1）草害　幼龄期危害严重，因为此期草果苗小，不能封行，杂草生长快，很快就把草果苗捂盖，严重影响其生长。成龄期主要是危害花芽和叶芽的生长。因此，要加强草果园的除草，并注意保护草果的根茎及花芽。

（2）烈日暴晒　如园中遮阴树被砍或死去，漏出天窗，应及时补救。开天窗处可搭临时木架，盖上草席，或种上瓜类作物遮阴保潮，如南瓜、冬瓜、洋丝瓜等，使之攀援在木架之上。

（3）旱害　草果因荫蔽条件和湿度满足不了其生理需要而发生旱害，轻者影响产量和品质，重者导致不能结果。因此，草果花出现少量萎蔫状时应及时进行地面灌溉，保持草果园相对湿度在80%以上。遇到干旱年份，抗旱时可向荫蔽树喷水。

（4）鼠害　采取有效措施进行捕杀和药防。

五、采收加工

1. 采收期

在秋末冬初，10～11月间，果实成熟，果实由鲜红转为紫红色，种仁表面由白色转变为棕褐色，嚼之有浓烈辛辣味时采收。

2. 采收

（1）种子采收　选择株龄在6～8年，群体发育良好的生长旺盛、结果多、无病虫害、机械损伤的植株作为采种母株。采用种时间在10～11月进行，果穗采收后应立即摊放在室内地面上，待半阴干后摘下果实及时进行种子处理，做种的鲜果采收后不能长期堆放，以免发霉变质。（图12）

（2）药材采收　在秋末冬初，果实由鲜红转为紫红色时采收。

图12　草果采收

3. 产地加工

常见的产地加工方式有：自然晾晒、柴火烘烤和设备干燥等方法。

（1）自然晾晒 将摘下的果实去果穗及杂质，放置于阳光下暴晒，该方法操作简便，但容易发生霉变，随着烘烤技术及设备的研发，目前已经不采取自然晾干的方式。（图13）

图13 草果自然晾晒

（2）柴火烘烤（图14）

将鲜果放入沸水中烫2～3分钟，用文火焙干。该方法草果气味足，目前草果产区主要以柴火烘烤为主，该方法存在很大弊端：①烘干时间长，每烘干一批草果大约需要40～55小时；②烘烤出的草果色泽发黑，外观不佳，产品烟熏味浓，香气不纯正；③由于在烘干过程中，烟气与草果直接接触，使得干果中的苯并（a）芘含量严重超标。笔者将马关县市场上采购的草果送检化验，苯并（a）芘含量为21.64微米/千克，超过国家允许标准4倍多。苯并（a）芘是目前已知的强致癌物质，进入人体后，会使细胞核的脱氧核糖核酸分子结构发生变异，从而导致癌变。

（3）设备烘烤 云南省农机研究所与马关县合作对草果烘干的理化要求进行了深入分析，开展了草果无公害烘干设备及工艺的专项研究。运用研究所在农特产品干燥方面积累的理论及实践经验，与草果加工要求相结合，设计制作了5HX-45型机械式强制热风

图14 草果柴火烘烤

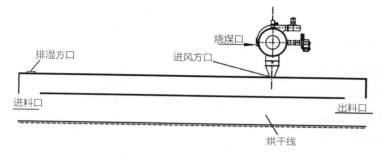

图15　草果烘烤设备示意图

循环烘干设备及工艺，该设备及工艺解决了草果干品中苯并（a）芘含量超标的根本问题，保障了食品的安全和卫生要求；大大提高了草果的品质和劳动生产率，降低了草果干燥的单位成本，为草果干燥制定统一标准、实现集约化加工及工业化生产奠定了技术基础。（图15、图16）

图16　草果加热式烘房

六、药典标准

1. 药材性状

本品呈长椭圆形，具三钝棱，长2～4厘米，直径1～2.5厘米。表面灰棕色至红棕色，具纵沟及棱线，顶端有圆形突起的柱基，基部有果梗或果梗痕。果皮质坚韧，易纵向撕裂。剥去外皮，中间有黄棕色隔膜，将种子团分成3瓣，每瓣有种子多为8～11粒。种子呈圆锥状多面体，直径约5毫米；表面红棕色，外被灰白色膜质的假种皮，种脊为一条纵沟，尖端有凹状的种脐；质硬，胚乳灰白色。有特异香气，味辛、微苦。

2. 鉴别

假种皮薄壁细胞含淀粉粒。种皮表皮细胞棕色，长方形，壁较厚；下皮细胞1列，含黄色物；油细胞层为1列油细胞，类方形或长方形，切向42～162微米，径向48～68微米，含黄色油滴；色素层为数列棕色细胞，皱缩。内种皮为1列栅状厚壁细胞，棕红色，内壁与侧壁极厚，胞腔小，内含硅质块。外胚乳细胞含淀粉粒和少数细小草酸钙簇晶及方晶。内胚乳细胞含糊粉粒和淀粉粒。

3. 检查

（1）水分　不得过15%。
（2）总灰分　不得过8%。

七、仓储运输

1. 包装

用无毒聚乙烯包装袋包装，根据需要每袋分装。

2. 储存

仓库应通风、干燥、阴凉、无异味、避光、无污染并具有防鼠、防虫的设施。仓库相对湿度控制在45%～60%，温度控制在0～20℃。药材应存放在货架上，与地面距离15厘米，与墙壁距离50厘米，堆放层数为8层以内。药材贮存期应注意防止虫蛀、霉变、破损等现象发生，做好定期检查养护。

3. 运输

运输工具必须清洁、干燥、无异味、无污染、通气性好，运输过程中应防雨、防潮、防污染，禁止与可能污染其品质的货物混装运输。

八、药材规格等级

中药材一般依据外观特征、断面特征、质地、重量、长度、厚度、直径、含杂率、气味等进行"等级"的划分。

中药统货，是指对药材质量好坏、个头大小等不进行区分，同一种药材的不同等级混在一起。中药选货，是指对药材质量好坏进行区分，按个头大小等进行分拣，以便划分出等级。草果等级无严格划分，市场上以统货出售，但根据干果大小在市场上有不同价格，一般有大个、中个、小个之分（表1）。

表1　药材的商品规格等级划分

等级	重量/克	个数/千克	备注
大选	>3.5	<285	干货，果饱满、色棕红、香味足，果梗小于2厘米，无杂质霉变
中选	2.5–3.5	285–400	干货，果较饱满、色棕红、香味足，果梗小于2厘米，无杂质霉变
小选	<2.5	>400	干货，果不饱满、色棕红、香味较足，果梗小于2厘米，无杂质霉变

九、药用食用价值

1. 临床常用

（1）治疗乙型病毒性肝炎　草果40克（去壳取仁，用生姜汁加清水拌抄）、人中黄50克、地骨皮60克。水煎服，每日1剂，亦可研末服用，每次10克，每日1次。治疗乙型病毒性肝炎94例，痊愈59例，好转29例，无效6例，总有效率91.37%。HBsAg阴转率62.65%。

（2）治疗牛瘤胃鼓气　草果250克、生姜100～150克、芝麻油250毫升、香烟2支。将药研为细末，拌入芝麻油内，混匀，1次投服，治疗牛瘤胃鼓气22例，全部治愈。

（3）治疗腹部手术后腹胀　35例患者口服草果汤剂30分钟内出现肛门排气腹胀缓解者29例，占82.96%，1小时内出现肛门排气腹胀缓解者5例，占14.28%，2小时排气腹胀缓解者1例，占2.86%。

2. 现代医学应用

中成药中，透骨搜风丸、益肾丸、开郁舒肝丸、宽胸利膈丸和洁白丸等处方组成中均含有草果。在古代已有用草果入药的经验，并在书中记载了相应的药用附方，并利用草果制成中成药等药品。

现代，复方草果注射液已申请国家专利，可用于预防和治疗冠心病等心血管疾病，对心电图有心肌供血不足的患者有明显疗效；在湿热疫中出现白苔时，以芳香化湿（藿香、草果、厚朴）、清热燥湿、利水渗湿、化痰药物配合辛温解表、理气药物使用为主，草果在医药领域应用情况见表2。

表2　草果在医药领域应用情况

用途	名称	配方	处方来源	作用
药用附方	草果饮	草果、常山、知母、槟榔、乌梅、甘草、穿山甲	《慈幼新书》	治疟疾、胃中寒痰凝结
		草果子、甘草、地榆、枳壳	《传信适用方》	治肠胃冷热不和，下痢赤白、伏热泄泻、脏毒便血
	清脾汤	青皮、厚朴、白术、草果仁、柴胡、茯苓、半夏、黄芩、甘草	《济生方》	治瘅疟、脉采弦数、口苦舌干、心烦、渴水、小便黄赤
	果附汤	草果、香附子	《济生方》	治肿寒疟疾不愈、振寒少热、面青不食
	实脾饮	干姜、附子、白术、茯苓、炙甘草、厚朴、大腹皮、草果仁、木香、木瓜	《济生方》	治肢体浮肿、身重纳呆、便溏溲清、四肢不温
	达原饮	槟榔、厚朴、草果仁、知母、芍药、黄芩、甘草	《瘟疫论》	治瘟疫初起
	草果知母汤	草果、知母、半夏、厚朴、黄芩、乌梅、花粉、姜汁	《温病条例》	治背寒、胸中痞结、疟来日宴、邪渐入阴
药品	柴黄双解颗粒	人黄、黄芩、青蒿、大青叶、草果等9味中药	于远洋等（2014）	用于外感发热、表里俱热之痹症
	类风关颗粒	青蒿、黄芪、常山、草果、槟榔、知母、防风	汪文来（2005）	治疗类风湿关节炎
	小儿消食咀嚼片	党参、北沙参、佛手、麦芽、陈皮、厚朴、草果、山楂	郭玉姝（2010）	治疗小儿功能性消化不良
	珍龙醒脑胶囊	天竺黄、西红花、丁香、肉豆蔻、豆蔻、草果等29种药材	高伟（2013）	治疗脑血管疾病
	果拉觉吉（十一味草果丸）	草果、诃子、木香	德格宗萨其美藏医院	健胃消食
	精制中药饮片	白豆蔻、草果	补益堂药业	燥湿健脾、温胃止呕、噎膈反胃

3. 食疗及保健

草果是一种香辛料植物，全株具有特殊浓郁的辛辣香味，常用来烹调菜肴，能去腥除膻、增进菜肴味道，从而增加食欲，是烹调佐料中的佳品，被人们誉为食品调味中的"五香之一"。在制鱼类和肉类等菜肴时添加草果其味更佳；调制卤水时加点草果可以增香；炖煮羊肉时加入草果可使羊肉清香可口，又能驱避羊膻味。另外，罂粟壳曾一直用于火锅的增香剂，如今已进入重点监控"黑名单"，因此草果成为给火锅提香的最佳替代品。目前，用于食用的草果产品包括干草果、草果粉、以草果为配料的调味料（包括复合香辛料调味包以及炖鱼、卤鸡、牛羊肉调料等），这些产品在食品中主要用于调味增香。

以草果为原料的一些草果产品虽没有在市场上销售，不过已注册了国家专利，这些专利为草果产品多样性的开发提供了技术思路。部分草果产品国家专利见表3。

表3　部分草果产品国家专利

产品名称	专利号	申请人	用途或性质
草果精粉	200410008132.5	曹正安、朱吉之	用于食品增香调味料
草果咖啡风味米酒	201310106387.4	孟磊	减肥美容、维持正常血压和心脏功能
麻辣调油	201410238094.6	天津春发生物科技集团有限公司	口感强烈、风味特征明显、有效成分利用率高
草果油树脂	201410174310.5	天津市春晖生物科技有限公司	香气浓郁、口感强烈
仙桃草果长寿糕	201410585121.7	五河童师傅食品有限公司	口感丰富，有较好的保健作用
草果果醋	201510216205.8	张俊辉	燥湿健脾、祛痰、利水消肿

草果的很多生理活性除了应用于食品和医药行业外，在化妆品行业中也有应用，不过市售产品还较少。利用草果、白果制备的护肤液具有美容养颜，使皮肤变白变嫩的功效，这为草果的深加工提供了一个方向。另外，草果提取液有较好的紫外线吸收效果，将其应用在防晒化妆品中具有很好的发展前景。

4. 其他应用

嫩草果经腌泡后可作凉果食用，清脆可口，目前已在市售；草果新抽的嫩芽为上好蔬菜，美味可口；采用超临界二氧化碳萃取技术、分子蒸馏精制而成的草果精油已在网络上销售，该产品可应用于肉制品、方便米面、调味品和膨化食品，是咸味香精的香辛料。

参考文献

[1] 徐国钧，徐珞珊，王峥涛. 常用中药材品种整理和质量研究［M］. 第三册. 福州：福建科学技术出版社. 1999：405.

[2] 姜太玲，刘光华，沈绍斌，等. 草果加工产业研究现状与展［J］. 农产品加工，2016，10（417）：49-52.

（云南省农业科学院药用植物研究所　杨绍兵）

龙胆草（滇龙胆）

long dan cao

本品为龙胆科植物坚龙胆*Gentiana rigescens* Franch.的干燥根和根茎。

一、植物特征

滇龙胆为多年生草本，高30～50厘米。须根肉质。主茎粗壮，发达，有分枝。花枝多数，丛生，直立，坚硬，基部木质化，上部草质，紫色或黄绿色，中空，近圆形，幼时具乳突，老时光滑。无莲座状叶丛；茎生叶多对，下部2～4对，鳞片形，其余卵状矩圆形、倒卵形或卵形，长1.2～4.5厘米，宽0.7～2.2厘米，先端钝圆，基部楔形，边缘略外卷，有乳突或光滑，上面深绿色，下面黄绿色，叶脉1～3条，在叶下突起，叶柄边缘具乳突，长5～8毫米。花多数，簇生枝头状，稀腋生或簇生小枝顶端，被包围于最上部的苞叶状叶丛中；无花梗；花萼倒锥形，长10～12毫米，萼筒膜质，全缘不开裂，裂片绿色，不整齐，2片大，呈倒卵状矩圆形或矩圆形，长5～8毫米，先端钝，具小尖头，基部狭缩成爪，中脉明显，3片小，呈线形或披针形，长2～3.5毫米，先端渐尖，具小尖头，基部无狭缩；花冠蓝紫色或蓝色，冠檐具多数深蓝色斑点，漏斗形或钟形，长2.5～3厘米，裂片宽三角形，长5～5.5毫米，先端具尾尖，全缘或下部边缘有细齿，褶偏斜，三角形，长1～1.5毫米，先端钝，全缘；雄蕊着生冠筒下部，整齐，花丝线状钻形，长14～16毫米，花药矩圆形，长2.5～3毫米；子房线状披针形，长11～13毫米，两端渐狭，柄长8～10毫米，花柱线形，连柱头长2～3毫米，柱头2裂，裂片外卷，线形。蒴果内藏，椭圆形或椭圆状披针形，长10～12毫米，先端急尖或钝，基部钝，柄长至15毫米；种子黄褐色，有光泽，矩圆形，长0.8～1毫米，表面有蜂窝状网隙。滇龙胆与其他龙胆不同之处为：根近棕黄色，茎常带紫棕色；叶小，革质，卵

图1　滇龙胆植物图

形至卵状长圆形，主脉3出；花顶生或腋生，紫红色；花冠裂片先端急尖，裂片间褶呈不等边三角形。滇龙胆的花果期在8～12月。（图1）

二、资源分布概况

滇龙胆分布于云南的临沧、保山、文山、大理、楚雄、昭通、曲靖，四川的木里、布拖、冕宁、盐源、喜德、甘洛，贵州的遵义、正安、惠水、习水、凯里、水城等地。云南为滇龙胆的道地产区，分布区涵盖了滇中、滇东南、滇西、滇西北、滇南的广大区域，生长海拔为1100～3000米，最适海拔为1900～2600米，气候带类型包括：北热带、南亚热带、中亚热带、北亚热带、南温带、中温带，年降水量在750～2000毫米，年平均温度在7～21℃，土壤pH值在4.5～7.5，生长地坡度在0°～65°，生境土壤包括：红壤、砂壤、黄壤、腐殖土。滇龙胆多生活在荒坡草丛间或针叶林和常绿阔叶林下及林缘，幼苗的生长需要较荫蔽的环境，如松林、杉木林下。

三、生长习性

滇龙胆喜阳光充足、冷凉气候，耐寒冷，忌夏季高温多雨，适宜生长温度20～25℃，喜生于林缘、林间、空地、疏林间、山坡、草甸等环境中，年平均相对湿度为60%，种子萌发时，必须有适宜的温度和一定的光照条件。苗期忌高温潮湿天气。

滇龙胆对土壤要求不严格，但土层需深厚疏松，保水力好的腐殖土或砂壤土较适宜。

滇龙胆在较为湿润的土壤中生长良好，其耐旱能力较强，但忌干旱。土壤水分过多会影响滇龙胆的生长，而且会造成烂根。喜微酸性土壤，土壤中pH对种子萌发影响较大。幼苗在这种条件下继续生长有不利的趋势，应尽早栽种于近中性土壤中。（图2）

图2　滇龙胆的种子

四、栽培技术

1. 种植材料

生产以有性繁殖为主，其外还可用分株、扦插、组织培养方法繁殖。于当年10月下旬，选取自然成熟的果实，采摘种子。子房已从枯萎花冠中伸出，子房开裂或尚未开裂，种皮变硬即为成熟果实；对子房尚未从枯萎花冠中伸出，种子为绿色，种皮尚未变硬的未完全成熟的果实，采集回来后，在0～5℃干沙中埋藏一个月，待其成熟。随后将种子从成熟的果实中取出，洗净；再将种子在200毫克/升的赤霉素中、25℃自然光照条件下浸泡24小时，进行种子催芽。5～7天种子表面刚露出白色胚根时即可播种。

2. 选地与整地

龙胆虽然对土壤要求不严格，但以土层深厚、土壤疏松肥沃、富含腐殖质多的壤土或砂壤土为好，有水源，平地、坡地及撂荒地均可。选地的基本原则：潮湿，肥沃，排水性好，日照时间短。选地后于晚秋或早春将土地深翻30～40厘米，打碎土块，清除杂物，施充分腐熟的农家肥每亩2000～3000千克，尽量不施化肥及人粪尿。用50%的多菌灵8克/平方米进行土壤处理。然后耙平作畦，畦面宽1～1.2米，高15～25厘米，作业道宽30～40厘米，畦面要求平整细致，无杂物。（图3）

3. 播种

（1）直播　在10月中下旬种子成熟时，采集籽粒饱满或成熟的种子作备用。选择背风向阳、湿润、富含腐殖质、离水源较近的壤土或砂质壤土的缓坡地块。播种期为4月中上旬。播种前先将种子作催芽处理，种子使用量按200～500克/亩计算。

图3 选地与整地

（2）育苗 育苗地选择平坦、背风向阳、湿润、富含腐殖质、离水源较近的壤土或砂壤土。育苗的播种期为4月中上旬。播种前先将种子作催芽处理，种子使用量按1千克种子播300平方米计算，播种前先用木板将畦面刮平、拍实，用细孔喷壶浇透水。待水渗下后，将处理好的种子再拌入10～20倍的过筛细沙，均匀地撒在畦面上，播完之后上面用细筛筛细的锯末或腐殖土盖1～2毫米，最后浇水。总之，播种应做到"浇透水、浅盖土"。整个育苗期约需5个月，当幼苗长至4～5对真叶，植株健壮、无病虫害，在9～10月即可进行移栽。

滇龙胆除用种子育苗繁殖外，还可用分株、扦插、组织培养方法繁殖。

①分根繁殖：龙胆的根系为须根系。包括根茎和须根，根茎甚短，每节仅在对生叶处生有潜伏芽。当顶端优势破坏后，潜伏芽可萌发地上枝。在野生条件下，当地上芽进入休眠期，生长停滞，根茎上端的潜伏芽可形成越冬芽。根茎每节上生1～3条须根。根据根茎失去顶端优势，而潜伏芽可萌发为地上茎的特点，进行分根繁殖。方法是在秋季形成越冬芽后，将根茎切成3节以上，带有5～6条须根的切段埋入土中，第2年可长成新株。

②扦插繁殖：在6月选取2年以上的地上茎，剪成5～6厘米长的插条，每段保留2个节以上，上部节保留部分叶片。将插条下端插入20毫克/千克萘乙酸水溶液中浸泡18小

时，或用赤霉素1毫克/千克、6-苄基嘌呤1毫克/千克、萘乙酸1毫克/千克等量混合液体浸泡48小时。插床底部铺10厘米混合土（殖土、田土和粗砂等量混合），上层再铺3～5厘米的河沙，均需干热灭菌，浇透水，将插条插入，插完立即浇水，保持湿润。温度保持在20～28℃，一般10～15天可产生不定根，25～30天时不定根可长出5～6条，当不定根长到约5厘米时可定植到田间。初期保持土壤湿润，避免强光照射。定植应在入冬前2个月进行，以保证越冬根的形成。

③组织培养繁殖：培养基配方为Ca（NO$_3$）$_2$·4H$_2$O 1000毫克/升、KH$_2$PO$_4$ 250毫克/升、MgSO$_4$·7H$_2$O 250毫克/升、CuSO$_4$·5H$_2$O 0.04毫克/升、（NH$_4$）$_2$SO$_4$ 500毫克/升、柠檬酸铁5毫克/升、H$_3$BO$_3$ 0.056毫克/升、Na$_2$MoO$_4$ 0.02毫克/升、ZnSO$_4$·4H$_2$O 0.33毫克/升、NAA 1毫克/千克、Kt 0.5毫克/千克、蔗糖20克、琼脂12克，pH 5.8。操作方法：取2年生以上的龙胆春季萌发幼嫩枝条，用流水冲洗数遍后，再用75%酒精浸泡0.5分钟，0.1%升汞浸泡20分钟，无菌水冲洗4～5次，在无菌的条件下切取0.5厘米茎尖，每节为一段接种到琼脂培养基上。接种后放在25～27℃的培养室内培养，用40瓦日光灯适当补助光源，约17天顶端开始生长。腋芽形成侧枝，32天左右形成明显的节间，49天后生根。培养50天可长成茎尖，具有3个节、2～4条根的完整小植株。将已获得的试管苗以每节为一段，继代扦插培养中，7～10天从腋叶生出新枝，23～25天生根，45天后可形成具有4～5个节的试管苗。可继续做继代培养的材料。1株试管苗1年可获得16 000株小苗。获得的试管苗相当于2年生的实生苗，根系发达，移栽成活率高。

（3）移栽　春秋季均可移栽。当年生苗秋栽较好，时间在9月下旬至10月上旬，春季移栽时间为4月上中旬，在芽尚未萌动之前进行。移栽时选健壮、无病、无伤的植株，按种苗大小分别移植。行距15～20厘米，株距10厘米，沿畦面横向开沟，深度因苗而定，然后将苗摆入沟内倾斜45°，以便小苗的位置稳定，能较好地舒展根系。每穴栽苗1～2株，盖土厚度以盖过芽苞2～3厘米为宜，土壤过于干旱时栽后应适当浇水。

移栽要求：①株行距整齐均匀；②覆土深度松紧适宜；③不露根茎及苗芽；④不窝根、伤根；⑤倾斜度适宜；⑥不烈日晒苗；⑦移栽时要浇足定根水；⑧栽后保持畦面平整。

4. 田间管理

（1）苗期管理　播后至出苗前可用遮阳网搭成棚或者用稻草覆盖进行遮阴。合理遮阴可减少水分蒸发，减少浇水次数，待40天左右苗出土后再逐渐撤去遮阴物，保持50%光照即可。播种后应保持床面湿润，发现缺水，用细孔喷壶喷床面。喷水宜在晴天早晚进行，浇水次数依据床面湿度而定。种子萌发至第1对真叶长出之前，土壤湿度应控制在70%以上；1对真叶至2对真叶期间，土壤湿度控制在60%左右。苗出全之后，勤除杂草，以免和滇龙胆争夺养分。见草就拔，整个苗期除草4～5次。6～7月生长旺季根据生长情况适当施肥，当苗长到3对真叶时，可用0.05%尿素作叶面喷施，间隔15天后再用磷酸二氢钾0.05%第二次喷施。8月上旬以后逐次除去畦面上的覆盖物，增加光照促进生长。

（2）田间管理　滇龙胆的管理比较简单。无论采用什么方法育苗，移栽（行距20～23厘米、株距10～20厘米）后及时浇水。全部生长期内应注意适时松土、除草、追肥、摘除花蕾，以促进根生长。除草时不要受次数限制，本着除早除小，见草即除的原则。切不要待杂草长起来形成草荒时再拔草，这样既费工又伤苗。松土的目的是防止畦面土壤板结，提高土壤透气性，减少水分蒸发，除掉萌芽中的杂草。移栽第一年松土为重点，第二年只在出土时松一遍土即可。移栽缓苗后，应及时用手或铁钉耙子疏松因浇水造成的畦面板结层。注意移栽苗是斜栽的，松土时不要过深，以免伤苗或将苗带出。一般移栽龙胆后结合除草要松土2～3次。7月中旬在行间开沟追施尿素，每亩25千克左右。3～4年生植株，可选其健壮者作种株，保留花蕾，并喷1次100毫克/升赤霉素，增加结实率。促进种子成熟、籽粒饱满。越冬前清除畦面上残留的茎叶，并在畦面上覆盖2厘米厚腐熟的圈粪，防冻保墒。干旱时及时浇水，开花前追施1次过磷酸钙，亩用量20千克，以促进根系发育。为减少营养物质消耗，促进根系物质积累，加速根茎生长，非采种田在出现花蕾应将其全部摘除，保证根系有足够的养分供给。

5. 病虫害防治

危害滇龙胆的病害主要有炭疽病、锈病、褐斑病、灰霉病、胞囊线虫和根结线虫病等；虫害主要是花器吸浆虫。生育期在一年内的滇龙胆植株主要发生灰霉病和褐斑病，而生育期在两年以上的植株多数是炭疽病和锈病两种或多种病害重复浸染，连作田上多发生线虫病害。

（1）炭疽病　由胶孢炭疽菌侵染所致。症状①植株叶、茎可受害，叶上病斑圆形或不规则形。病斑上有轮纹，稍凹陷，浅褐色，病斑边缘褐色。多数叶片在病、健部交界的健部会形成紫红色带。后期病斑上正、反面产生黑点状病菌子实体，叶上多个病斑连接，使整叶枯黄死亡。老熟茎上病斑长梭形，中部深褐至紫红色，后期下陷成溃疡状。症状②叶片感病，病斑圆形、半圆形、椭圆形或不规则形，病斑凹陷，呈暗绿色水渍状，有轮纹，病斑边缘墨绿色，有的中部灰白色，整个病斑发硬。后期多个病斑连结成片，最后整叶呈暗绿色或暗褐色干枯。茎上病斑梭形，凹陷，暗褐色或暗绿色，病斑边缘褐色。该病高温、高湿易发生，种植密度大，排水不良、阴雨多湿、多年连作田块易造成流行。

防治方法 ①加强田间管理，合理密植，棚室合理通风，避免高温高湿；注意排水，适当增施磷、钾肥；及时清除病叶、残株。②发病初期及时喷药，常用药剂有：50%甲基托布津可湿性粉剂400～500倍液，或80%代森锌可湿性粉剂500倍液，或75%百菌清可湿性粉剂600倍液，50%炭疽福美300～400倍液，或1∶1∶200倍的波尔多液。每隔7～10天喷一次，共2～3次。

（2）锈病 由担子菌类的锈菌引起，主要危害叶片，发病初期，叶片呈圆形水浸状失绿，以后叶片正面退绿变黄，叶背出现白色或黄色的疱状斑，为病菌孢子堆。后期，锈孢子器表皮破裂，散出黄粉，为病菌的锈孢子，病害严重时，黄斑布满全叶，叶片枯死，高温高湿为发病的主要条件。

防治方法 锈病用种子重量0.5%的25%三唑酮、50%多菌灵、75%卫福或种子重量1%的20%萎锈灵乳油拌种，并于发病初用25%三唑酮（粉锈灵）、75%萎锈灵、10%世高（噁醚唑）水分散颗粒剂、30%特富灵可湿性粉剂1000倍液或25%敌力脱（丙环唑）乳油2000倍液、40%福星（氟硅唑）3000倍液等喷雾中心病株。

（3）灰霉病 由半知菌类的葡萄孢菌引起，主要危害植株叶片和花序感病。叶上发病部位多在植株中、下部叶片，新叶要在连续阴雨一周以上才发病。发病初期，叶尖部失绿，呈暗绿色水渍状斑，后变成浅褐色干枯卷曲状。田间湿度大时叶尖或茎尖生长点周围会产生灰色或棕灰色霉层。花序发病呈萎蔫状，上密生灰色霉层，连续阴雨时，长霉层处腐烂变稀。田间湿度大，植株过密有利于病害扩展。

防治方法 灰霉病用种子重0.5%的50%多菌灵、75%卫福拌种并用40%福星（氟硅唑）3000倍液、10%世高（噁醚唑）水分散颗粒剂、30%特富灵（氟菌唑）可湿粉1000倍液喷雾控制中心病株。

（4）褐斑病 由半知菌类的交链孢菌引起，发病初期叶片出现圆形或近圆形褐色病斑，中央颜色稍浅，病斑周围具深褐色晕圈。高湿下在病斑两侧可见黑色小点，为病菌子实体。随病情发展，病斑相融合，叶片枯死。

龙胆草褐斑病，一般5月中、下旬开始发病，7～8月由于降雨量加大，温度较高，有利病害的发生，为病害高峰期。9月初开始，温度开始下降，降雨量减少，病害流行速度较慢。病害一般从植株下部叶片开始发生，逐渐向上部叶片传染。高温、高湿、全光栽培有利病害流行。病害田间传播主要靠雨水飞溅，远距离传播主要靠带菌种苗。

防治方法 清除病源，秋季将地上部的枯枝落叶烧毁；发病初期用50%退菌特或甲基托布津可湿性粉剂1000倍液或用1∶1∶100波尔多液（1千克硫酸铜、1千克生石灰和100千克水混合），每7～10天喷洒1次。

（5）胆胞囊线虫及根结线虫病 分别由动物门异皮科的胞囊线虫属和根结线虫属线虫引起。发病植株地上部症状不明显，植株地上部微失绿变黄，似缺水、缺肥状。根结线虫病地下部条根根端上产生大小不等的单葫芦形瘤状物或小球状根结，而阻断此条根的继续生长，产生瘤状物处和根结处生成乱麻状须根，有的须根上产生少量根结。胞囊线虫病在根上不产生小球状根结或偶在根基部产生瘤状物，条根变短变粗，变粗部位微透明、水渍状。较湿、高温及砂土、砂壤土等通透良好土质的土壤有利于发病，土壤浸水或过干燥都不利根结线虫活动。病害可通过移栽苗、农具、流水进行传播。

防治方法 在龙胆收获之后，可每亩地用石灰氮50千克，加盖稻草，提高地温。其后，用地膜覆盖土壤10天以上，可有效确保土壤高温高湿环境，有效杀死线虫幼虫。然后，再行播种。或者于初春，播种线虫较为敏感的植物，为线虫创造良好的寄生环境，待到23个月后，将播种作物连根拔除，可有效带走线虫。

（6）花器吸浆虫 为双翅目瘿蚊科，成虫微小，黑色，蚊虫状，幼虫圆筒形，两端略尖，黄色，无足，头部很小，口器虽为咀嚼式，但上颚骨化强，延长成针刺状。该虫以成熟雌虫的针刺状产卵器将卵产于花蕾中，卵块孵化后，以幼虫蛀食花器，吸食子房或幼嫩种子的汁液，造成子房不能正常授粉或发育，影响种子产量。

防治方法 花器吸浆虫用内吸性杀虫剂"吡虫啉"类2000倍液于滇龙胆开花末期喷施花部。

五、采收加工

1. 采收期

栽培滇龙胆生长3～4年后（移栽2～3年后）即可采收入药。由于根中总有效成分含量在枯萎至萌动前为最高，因此每年龙胆收获时节为春、秋两季，以秋季收获为佳。春季在未萌动前进行，因龙胆萌动后，本身营养物质消耗，影响药效及折干率。

留种田10月下旬采收。采收时用镐从畦两侧向内将根刨出，不准用镐从畦面向下刨，以免刨坏根茎。采收时注意气温变化，当温度过低时不能采收，虽然龙胆根在土壤中可抗卸−40℃的低温，但出土后的根茎一经受冻后呈透明状，有效成分及折干率可下降15%～20%，因此，采收时应特别注意防冻（图4）。

图4　采收现场

2. 加工

（1）清除泥土杂质，将起出的鲜品运回加工点，用喷水枪将泥土冲洗干净，也可人工冲洗，将杂质清理干净，但不准过度揉搓，以免降低药效成分。

（2）将洗净的龙胆捋齐装盘，放入干燥室进行烘干。烘干室内温度应控制在30～45℃，经40～60小时即可烘干。烘干期间要不断调整烘干盘的位置，以防干燥受热不均或烘焦。如数量小，可采用室内自然阴干。（图5）

（3）打潮捆把　把烘干好的龙胆根条整理顺直，数个根条合在一起捆成小把，把的大小要均匀适度，一般40～60克为宜。捆好后放在塑料膜上，摆一层，喷一层温水，喷水不要过量，喷好后将其包好。经2～3小时后，将其打开，再整齐装入盘内，放入低温室进行二次干燥。

图5　药材晾晒

六、药典标准

1. 药材性状

表面无横皱纹，外皮膜质，易脱落，木部黄白色，易与皮部分离。

1cm

图6　滇龙胆药材

2. 鉴别

（1）横切面　内皮层以外组织多已脱落。木质部导管发达，均匀密布。无髓部。

（2）粉末特征　粉末淡黄棕色。无外皮层细胞。内皮层细胞类方形或类长方形，平周壁的横向纹理较粗而密，有的粗达3微米，每一细胞分隔成多数栅状小细胞，隔壁稍增厚或呈连珠状。

3. 检查

（1）水分　不得过9.0%。

（2）总灰分　不得过7.0%。

（3）酸不溶性灰分　不得过3.0%。

4. 浸出物

不得少于36.0%。

七、仓储运输

1. 仓储

（1）仓库应通风、干燥、阴凉、无异味、避光、无污染并具有防鼠、防虫的设施。

（2）温、湿度　仓库相对湿度控制在45%～60%，温度控制在0～20℃。

（3）放置　药材应存放在货架上，与地面距离15厘米、与墙壁距离50厘米，堆放层数为8层以内。

（4）药材贮存期应注意防止虫蛀、霉变、破损等现象发生，做好定期检查养护。

2. 运输

运输工具必须清洁、干燥、无异味、无污染、通气性好，运输过程中应防雨、防潮、防污染，禁止与可能污染其品质的货物混装运输。

八、药材规格等级

根据国家医药管理局、中华人民共和国卫生部制定的药材商品规格标准，龙胆商品分龙胆、滇龙胆两种，均为统货。滇龙胆，干货，呈不规则节状，顶端有木质茎杆，下端着生若干条根，粗细不一，色黄、半透明，多纵皱纹，残茎少，质坚脆，折断中央有黄色木心，总灰分不得超过7%，无茎叶、杂质、霉变。

九、药用及经济价值

1. 药用价值

滇龙胆药理作用①能促进胃液分泌，使游离酸增加；②保肝利胆作用；③利尿作用；④抗菌作用；⑤抗炎作用；⑥抗甲状腺功能亢进作用。

滇龙胆性寒味苦，归肝、胆经；具有泻肝胆实火、除焦湿热及健胃的功效；用于治疗高血压，头昏耳鸣，肝胆火逆，肝经热盛，小儿高热抽搐，惊痫狂躁，流行性乙型脑炎，目赤肿痛，咽痛，肋痛口苦，胆囊炎，妇女湿热带下，胃炎，急性传染性肝炎，中耳炎，尿路感染，膀胱炎，心腹涨满，消化不良，带状疱疹，急性湿疹，阴部湿痒，热痢，阴囊肿痛。临床上常用作治疗肝胆疾病、高血压病、急性肾盂肾炎、病毒性角膜炎、皮肤病、急性咽炎、慢性支气管炎、上呼吸道感染、结膜炎等病症。滇龙胆验方如下。①目赤口苦，胸胁烦闷，头痛目眩：滇龙胆15克，水煎分2次温服；②湿热毒疮，湿疹：滇龙胆20克，救必应、虎杖各30克，水煎分3次温服；渣加刺苋菜、扛板归各60克，煎汤外洗患处。③湿热咽喉肿痛：滇龙胆15克，山豆根20克，毛冬青根30克，水煎分3次冷饮；④热病食欲不振：滇龙胆15克，山楂、槟榔各10克，淮山、玉竹各20克，水煎服。

滇龙胆是一种用途广泛的清热燥湿药，用于多种中成药。如龙胆泻肝片、龙胆泻肝颗粒、龙胆注射液、苦胆草片、小儿清热片、十味龙胆花颗粒、泻肝安神胶囊等。

2. 经济价值

我国许多大型制药集团以龙胆为主要原料开发了大量的新药、特药和中成药，如龙胆泻肝汤、龙胆泻肝片、龙胆泻肝颗粒、龙胆注射液、苦胆草片、小儿清热片、十味龙胆花颗粒、泻肝安神胶囊等，约有200余个品种，这些新产品和中成药投入市场后销量可观。

截至2019年，滇龙胆干品的价格达70～80元/千克。据有关专家推测，今后十年龙胆的供应难以满足市场需求。发展种植滇龙胆具有较好的市场前景。

参考文献

[1] 唐荣平，苏汉林. 濒危植物滇龙胆草的生态学、生物学特性研究[J]. 湖北农业科学，2013，52（14）：3364-3366.

[2] 赵振玲，张金渝，金航，等. 云南栽培滇龙胆病害种类及生态治理[J]. 中药材，2012，35（01）：6-11.

[3] 吴云富. 云南栽培滇龙胆病害种类及生态治理[J]. 农业开发与装备，2014（11）：138.

[4] 赵仁，赵毅. 云南中草药实用栽培技术[M]. 昆明：云南科技出版社，2019，179-195.

（云南省农业科学院药用植物研究所　左应梅）

dian chong lou
滇重楼

本品为重楼属植物云南重楼*Paris polyphylla* var. *yunnanensis*（Franch.）Hand. -Mazz.的干燥根茎。在滇西北冷凉地区主要为矮秆类型，滇西南湿热地区主要为高秆类型。

一、植物特征

滇重楼*P. polyphylla* var. *yunnanensis*（Franch.）Hand. -Mazz. 为多年生草本植物。根状茎单一（栽培可能为分叉）棕褐色，横走而肥厚，圆柱状（栽培多为螺丝状，头大尾小）直径常为2厘米（栽培条件下可达5～10厘米），表面粗糙具节，节上生纤维状须根。地上茎单一（主芽被破坏或栽培选育条件下可为多茎），直立，圆柱形，光滑无毛，高30～180厘米，常带紫红色，基部有1～3片膜质叶鞘抱茎。叶5～11枚，通常为7片，绿色，轮生，长7～17厘米，宽2.2～6厘米，纸质或膜质，为倒卵状长圆形或倒披针形，先端锐尖或渐尖，基部楔形至圆形，全缘，常具一对明显的基出脉，叶柄长1～2厘米，紫红色。花顶生于叶轮中央，两性，花梗伸长，花被两轮，外轮被片4～6枚，绿色，卵形或披针形，内轮花被片与外轮花被片同数，线形或丝状，黄绿色，上部常扩大为宽2～5毫米的狭匙形。雄蕊2～4轮，8～12枚，花药长5～10毫米，药隔较明显，长1～2毫米。子房近球形，绿色，具棱或翅，1室。花柱基紫色，增厚，常角盘状。花柱紫色，花时直立，果期外卷。果近球形，绿色，不规则开裂。种子多数，卵球形，有鲜红的外种皮。花期4～6月，果期10～11月。（图1）

图1 滇重楼植物图

滇重楼与其他重楼属植物们不同之处在于种子颜色、叶形变化（包括有无毛），花瓣形状，以及花瓣与花萼的长短不同，还在于根部的变化，有的根茎粗壮，有的为纤细须根。正如正品滇重楼：叶基部楔形，常具一对明显的基出脉，花瓣匙形或线形，比花萼长。混淆品狭叶重楼：叶片通常10～22片，披针形或长条形；混淆品宽瓣重楼：叶基部近圆形，花瓣比花萼短；混淆品短梗重楼：叶片7～9片，无柄，披针形或长椭圆形，花梗较短。

二、资源分布概况

滇重楼主要分布在云南及周边地区，《中药大辞典》《中华本草》中记载其主产于云南、四川、贵州、广西等地，《中草药大典》记载，滇重楼分布于福建、湖北、湖南、广西、四川、贵州及云南等省区的山地林下或路旁草丛的阴湿处。《常用中药材品种整理和质量研究》中记载滇重楼主要分布在云南、四川、贵州，缅甸也有分布。

但近年来，据云南省农业科学院药用植物研究所多年来持续对云南省及周边地区野生滇重楼野生资源的调查发现，近年来滇重楼的分布已收缩在云南以及四川、贵州西部与云南接壤的部分地区，广西西部、重庆、湖北西部以及四川东部地区几近灭绝，湖南、福建则一直没有采到标本的记载。曾是"云南白药"滇重楼原料主要来源地的玉溪、昆明、楚雄、曲靖等地州，其植物种群大部分几乎消失，已经很难在野外发现其踪迹。目前野生滇重楼在滇西和滇南的丽江、迪庆、怒江、德宏、临沧、思茅、西双版纳等地人迹罕至的地方还有少量分布。

云南是滇重楼的主要种植区，目前种植面积在10万亩左右，种植区域几乎遍布全省，分为两个主要种植区，一个是滇西北种植区，主要包括丽江、大理等地；另一个是滇东南种植区，包括文山、红河等地。在滇西又分为滇西北大理、丽江、迪庆、怒江、楚雄的矮秆滇重楼种植区和滇西南保山、德宏、临沧、普洱、西双版纳以及红河部分区域的高秆滇重楼种植区。

三、生长习性

滇重楼喜温、湿，耐阴，惧霜冻和阳光直射。在生长过程中，需要较高的空气湿度和阴蔽度。在降雨量集中的地区生长良好，尤喜河边、沟边和背阴山坡地。气候指标为：海拔在1600～3100米；年平均气温为10～15℃，无霜期240天以上；年降雨量在850～1200毫米。

滇重楼生长周期较长从种子萌发至药材产出需要7～10年的时间，一般第1～3年为苗期，第3年移栽，第4年开始少数植株能够结种子，第6年基本都能产种子，7～10年植株为种子旺盛期。

四、栽培技术

（一）种植材料

云南重楼在云南分布较广，但不同的区域要选择不同的类型，根据种植地的气候环境差异变化，选择种植本地最适宜生长的类型。一般湿度较大、热量充足，冬季较少有低温或偶尔有一定低温的区域（如云南红河，德宏、保山、临沧、西双版纳）适宜种植云南重楼高秆类型，它茎秆挺拔而粗壮，叶片宽大，种子量大；开花结果后茎秆易折断，需要支撑，但其根茎生长速度快，是经济效益较好的云南重楼品种。而相对干燥、冷凉的区域（如云南大理、丽江、迪庆，四川的凉山、西昌等海拔1900米以上区域）要选择云南重楼多芽类型，这类云南重楼植株茎秆虽矮小，但分蘖性很强，重楼总皂苷成分含量较高。

种苗移栽选择芽头饱满、根系发达、无病虫害、无机械损伤的根茎作为种植材料，带苗移栽则要求茎秆健壮、叶色浓绿，无病虫害的植株。种子繁殖要选择母本纯正、生长整齐、植株较为整齐、无病虫害的植株所繁殖的成熟度一致、饱满成熟种子作为种植材料。

（二）选地

根据滇重楼的生长特性，不同品种选择不同的海拔地块，一般高秆大叶品种选择海拔相对较低1600米以下、气候湿润温暖的区域，矮秆品种选择海拔相对较高1800米以上，气候冷凉干燥的区域。选地要选周边植被较好，空气湿度大，光照充足，热量丰富的区域，前茬不能种植茄科作物如辣椒、茄子、烤烟等或种植施肥过多种植过蔬菜的熟地，最好选择生荒地或前茬为玉米、荞麦等禾本科作物的坡地，土壤中根结线虫少，土质宜选择土壤疏松，富含腐殖质、保湿，利于排水的坡地或缓坡地。

（三）搭建荫棚

滇重楼属喜阴植物，忌强光直射，如果采用荫棚种植，应在播种或移栽前搭建好遮阴棚。按4米×4米打穴栽桩，可用木桩或水泥桩，桩的长度为2.2米，直径为10～12米，桩栽入土中的深度为40厘米，桩与桩的顶部用铁丝固定，边缘的桩子都要用铁丝拴牢，并将铁丝的另一端拴在小木桩上斜拉打入土中固定。在拉好铁丝的桩子上，铺盖遮阴度为70%的遮阳网，在固定遮阳网时应考虑以后易收拢和展开。在冬季风大和下雪的地区种植重楼，待植株倒苗后（10月中旬），应及时将遮阳网收拢，第二年4月份出苗前，再把遮阳网展开盖好。

（四）整地

选好种植地后要进行土地清理，收获前茬作物后认真清除杂质、残渣，并用火烧净，防止或减少来年病虫害的发生。如果是林下套种的地，认真清除杂灌、杂草、杂质和残渣后，高处的树枝不宜修理过多，保证遮阴度在80%左右，以免幼苗移植后受到强阳光直射。洁地后，将充分腐熟的农家肥均匀地撒在地面上（不使用未经腐熟的农家肥），每亩施用2000～3000千克，同时可选用"敌百虫""毒死蜱""氰菊脂"等农药中的一种拌"毒土"撒施（施药量以使用说明书为准稍微增加），再用牛犁或机耕深翻30厘米以上一次，彻底杀灭土壤中现存的害虫及虫卵，暴晒一个月，以消灭虫卵、病菌。最后一次整地时可选用"百菌清""代森锌""多抗霉素""福美双""腐霉利"等杀菌剂进行土壤消毒（施药量以使用说明书为准稍微增加），确保土壤无病菌。对过度偏酸的土壤还可撒生石灰（约10千克/亩）灭菌的同时可调节酸碱度，然后细碎耙平土壤。土壤翻耕耙平后开畦。根据地块的坡向山势作畦，以利于雨季排水。为了便于管理，畦面不宜太宽，按宽1.2米、高25厘米作畦，畦沟和围沟宽30厘米，使沟沟相通，并有出水口。

（五）播种

由于重楼种子萌发时间长，苗期生长缓慢，一般重楼都需先育苗后再移栽。重楼的育苗方法有两种，一种是采用种子进行育苗，为有性繁殖；另一种是利用根茎切块繁殖，为营养繁殖或无性繁殖。在育苗时两种方法都可以采用，但要根据不同的种植规模和根茎种源状况来选择育苗方法，一般来讲大规模种植时尽量采用种子育苗，而小规模种植和根茎来源充足时采用营养繁殖来育苗。（图2）

1. 种子繁殖

在立冬前后，当果实开裂后，植株开始枯萎时，采集果实，并及时进行处理，种子呈

图2　重楼繁殖方法（左：种子萌发，右：切块繁殖）

光滑的乳白色，选择饱满、成熟、无病害、无霉变和无损伤的种子做种，种子不能晒干或风干。

重楼种子具有明显的后熟作用，胚需要休眠完成后熟才能萌发。在自然情况下经过两个冬天才能出土成苗，且出苗率较低。种子不宜干藏，种子变干后易失去发芽能力，可将种子混湿沙常温或低温贮藏，翌年春天播种，采种后第3年才出苗，出苗率可达10%以上，此方法简单易行，但出苗期较长，出苗不整齐。采用种子催芽处理能使种子播种当年出苗，且出苗率高，出苗整齐。具体处理方法是：将选好的重楼种子用干净的湿沙催芽。按种子与湿沙的比例1∶5拌匀，再拌入种子量1%的多菌灵可湿性粉剂，拌匀后放置于花盆或育苗盘中，置于室内，温度保持在18～22℃，每15天检查一次，保持湿度在30%～40%（用手抓一把砂子紧握能成团，松开后即散开为宜），第二年1月便可播种。

种子育苗宜采用条播，每亩约需种子5千克，可育10万株苗。按宽1.2米，高20厘米，沟宽30厘米整理苗床。整理好苗床后，先铺一层1厘米左右洗过的河沙，再铺3～4厘米筛过的壤土或火烧土，然后将处理好的种子按5厘米×5厘米的株行距播于做好的苗床上，种子播后覆盖1∶1的腐殖土和草木灰，覆土厚约2厘米，再在墙面上盖一层松针或碎草，厚度以不露土为宜，冷凉的地方可以多盖一些保温，浇透水，保持湿润。播种后当年8月份有少部分出苗，大部分苗要到第二年5月份后才能长出。实践证明，如果采用地膜覆盖等技术，播种当年出苗率可达70%以上。种子繁育出来的种苗生长缓慢，可以喷施少量磷酸二氢钾，中间特别要注意天干造成小苗死亡，3年后，重楼苗根茎直径超过1厘米大小时即可移栽。

2. 切块繁殖

秋、冬季重楼倒苗后，采挖健壮、无病虫害根茎，按垂直于根茎主轴方向，以带顶芽部分节长3～4厘米处切割，不带顶芽的切块，切块厚度一般不低于2厘米，伤口蘸草木灰或将切口晒干，随后按照大田种植的标准栽培，第二年春季便可出苗，其余部分可晒干作商品出售也可进行催芽后作为繁殖。

（六）田间管理

1. 种植时间

小苗倒苗至第二年出苗前均可移栽，而10月中旬至11月上旬最为适宜，此时移栽对重楼根系破坏较小，花、叶等器官在尚未发育，移栽后当年就会出苗，出苗后生长旺盛。目前雨季移栽也较为常见，一般雨季移栽要注意起苗时尽量减少根部损伤，尽量带苗移栽，减少运输时间，最好起苗后立即移栽。

2. 种植密度

生产上重楼种植密度也不尽相同，一般根据苗的大小种植密度也有差异，苗小种植密度相对较大，苗大种植密度相对较小，株行距有10厘米×15厘米、15厘米×15厘米或10厘米×20厘米均有，一般每亩种植2.5万～3.5万株之间。据陈翠等（2010）发现，重楼高密度种植时，根茎易腐烂，存活率低，适宜的种植密度可以提高存活率，10克滇重楼苗种植密度在10厘米×20厘米最为合适，存苗率较高，产量较高。

3. 种植方法

在畦面横向开沟，沟深4～6厘米，根据种植规格放置种苗，一定要将顶芽芽尖向上放置，用开第二沟的土覆盖前一沟，如此类推。播完后，用松毛或稻草覆盖畦面，厚度以不露土为宜，起到保温、保湿和防杂草的作用。栽后浇透一次定根水，以后根据土壤墒情浇水，保持土壤湿润。

4. 水肥管理

重楼种植后每10～15天应及时浇水1次，使土壤水分保持在30%～40%之间。出苗后，有条件的地方可采用喷灌，以增加空气湿度，促进重楼的生长。雨季来临前要注意理沟，以保持排水畅通。多雨季节要注意排水，切忌畦面积水。遭水涝的重楼根茎易腐烂，导致植株死亡，产量减少。

重楼的施肥以有机肥为主，辅以复合肥和各种微量元素肥料。有机肥包括充分腐熟的农家肥、家畜粪便、油枯及草木灰、作物秸秆等，禁止施用人粪尿。有机肥在施用前应堆沤3个月以上（可拌过磷酸钙），以充分腐熟。追肥每亩每次1500千克，于5月中旬和8月下旬各追施1次。在施用有机肥的同时，应根据重楼的生长情况配合施用氮、磷、钾肥料。重楼的氮、磷、钾施肥比例一般为1∶0.5∶1.2，每亩共施用尿素、过磷酸钙、硫酸钾各10千克、20千克、12千克；施肥采用撒施或兑水浇施，施肥后应浇一次水或在下雨前追施。重楼的叶面积较大，在其生长旺盛期（7～8月）可进行叶面施肥促进植株生长，用0.5%尿素和0.2%磷酸二氢钾喷施，每15天喷1次，共3次。喷施应在晴天傍晚进行。

5. 中耕除草

由于重楼根系较浅，一般在秋冬季萌发新根，因此在中耕时必须注意：9～10月前后地下茎生长初期，用小锄轻轻中耕，不能过深，以免伤害地下茎。中耕除草时要结合培土，并结合施用冬肥。立春前后苗逐渐长出，发现杂草要及时拔除，除草要注意不要伤及幼苗和地下茎，以免影响重楼生长。

6. 常见病虫害及其防治技术

（1）病害　重楼常见病害有：猝倒病、根腐病、茎腐病、叶斑病、褐斑病、灰霉病、细菌性软腐病、细菌性斑点病和病毒病等。（图3）

①猝倒病：由腐霉菌引起的土传病害。发病的症状为从茎基部感病，初发病为水渍状，很快向地上部扩展，病部不变色或呈黄褐色并缢缩变软，病势发展迅速，有时子叶或叶片仍为绿色时即突然倒伏。开始往往仅个别幼苗发病，条件适宜时以发病株为中心，迅速向四周扩展蔓延，形成一块一块的病区。高湿是发病的主要原因。

防治方法　精选无病种子或种苗，苗床选用50%多菌灵可湿性粉剂600倍液+58%甲霜灵锰锌可湿性粉剂600倍液混合后浇淋。发现病株及时拔除，选用58%甲霜灵锰锌可湿性粉剂600倍液、68.75%银法利（氟菌·霜霉威）悬浮剂2000倍液浇淋植株及根部土壤。7天1次，连喷2～3次。

②根腐病：本病是以镰刀菌（*Fusarium* sp.）侵染为主的土传病害，偶尔也有腐霉菌侵染根系。危害地下根茎部分，种子播种的小苗整个根系部分为黄褐色至黑褐色，局部腐烂；病菌侵染后，根系逐渐呈黄褐色腐烂，根部不发新根，根皮呈褐色腐烂。地上部叶片边缘变黄焦枯，萎蔫易拔起，导致整株死亡，叶片干枯。

防治方法　选择避风向阳的高平地栽培，并开沟理墒，以利排水和降低地下水位。播种或移栽时用草木灰拌种苗，初发病时选用75%百菌清600倍液、25%甲霜灵锰锌600倍液、70%代森锰锌600倍液、64%杀毒矾600倍液、80%多菌灵500倍液等药液浇根。7～10天浇施一次，防控2～3次。也可选用50%多菌灵可湿性粉剂600倍液+58%甲霜灵锰锌可湿性粉剂600倍液混合后浇淋根部。若发现线虫或地下害虫危害，选用10%克线磷颗粒剂沟施、穴施和撒施，2～3千克/亩；或50%辛硫磷乳油800倍液浇淋根部。

③叶茎腐病：由林腐霉（*Pythium sylvaticum* Campbell et Hendrix）侵染引起。可危害植株叶、茎部，初侵染产生水渍状小斑，病斑逐渐扩大后，茎、叶失水下垂，扩展到根茎部组织腐烂、倒苗。潮湿环境条件下，病部产生分生孢子器，表皮易剥落；环境干燥时，

地上部分表现　　　　　　根腐病地下部分表现

茎腐病　　　　　　细菌性软腐病

褐斑病　　　　　　褐斑病

灰斑病　　　　　　灰斑病

灰霉病　　　　　　软腐病

主斑点病　　　　　　病毒病　　　　　　病毒病

图3　云南重楼主要病害

病部表皮凹陷，紧贴茎上，发病部位多在茎基部近地处。

防治方法 冬春季要清除枯枝、病叶集中烧毁，减少病源的越冬基数，发现病株及时清除；苗床地要高畦深沟，以利雨后能及时排水；注意通风透气，雨后及时排水，保持适当温湿度；中耕除草不要碰伤根茎部，以免病菌从伤口侵入。发病初期选用58%瑞毒霉500倍液、72%甲霜灵锰锌600倍液、75%百菌清600倍液、80%代森锰锌500倍液、68.75%银法利（氟菌·霜霉威）2000倍液等其中一种药液喷施植株，每7～10天喷淋1次，连续防治3次。

该病偶尔与细菌性软腐病混合发生，上述每种药剂与农用链霉素或中生菌素等混合喷淋。喷淋时应使足够的药液流到病株茎基部及周围土壤。

④叶斑病：由柱孢属菌（*Cylindrocarpon*）侵染引起，该病主要是叶片受害。症状有黑斑、灰斑和褐斑。发病初期水渍状灰褐色病斑，后病斑变成褐色，近圆形或不规则形，潮湿时病斑正反面有灰色或灰白色霉层，叶背更多；后期病斑成黑褐色，中心灰白色，病斑上覆盖白色霉层，为病菌的子实体，有的病斑成溃疡状孔洞，病斑边缘的深褐色带明显。

防治方法 清洁田园，及时清除严重病叶集中处理；掀棚除湿，种植于果树林下可自然遮阴，进行仿生境栽培达到生态控病目的。移栽前选用50%多菌灵、30%特富灵（氟菌唑）1000倍液浸泡种苗10分钟，然后取出阴凉干再移栽。发病初期选用75%百菌清100倍液、40%福星（氟硅唑）3000倍液、10%世高（噁醚唑）水分散颗粒剂、30%特富灵（氟菌唑）可湿粉1000倍液喷施叶片，控制中心病株。根据发病趋势调整施用次数。

⑤褐斑病：由细交链孢菌（*Alternaria tenuis* Nees）引起。该病主要感染叶片，一般从叶缘或叶尖开始发病，发病初期，病部呈水渍状，接着失绿变黄，以后变浅褐色，慢慢病斑扩大或随病情发展，病斑相融合，叶片边缘枯卷。病斑不规则，浅褐色或深、浅褐色相间，具轮纹，连续多天阴雨或高湿下，病斑两侧中部可出现少量灰绿至黑色小霉点，为病菌子实体。

防治方法 及时清除、销毁病残体；加强管理，注意排水，增施有机肥，通风透光，提高滇重楼抗病力；发病初期选用药剂防控，可参照叶斑病药剂进行控病。

⑥灰霉病：由灰葡萄孢菌侵染引起。主要侵染叶片、茎秆和花蕾，发病初期水渍状斑块，病部逐渐扩大，后期病部产生灰色霉层。

防治方法 及时清除、销毁病残体；加强管理，注意排水和降低湿度，增施有机肥，通风透光，提高滇重楼抗病力；注意雨前重点预防和控病。发病初期选用40%明迪（氟啶胺+异菌脲）3000倍液、40%嘧霉胺1000倍液、50%啶酰菌胺1200倍液、50%速克灵2000倍液等药液喷施、喷淋植株。

⑦细菌性病害：细菌性病害有软腐病和斑点病。软腐病可侵染叶片、茎秆和块茎等，初期病部水渍状，病部逐渐扩大蔓延，后期病部软腐或稀烂发臭。斑点病侵染叶片，初期褐色不规则小斑点，逐渐扩大，病斑周围组织黄色，后期多个病斑连成条状或片状黄枯。

（防治方法）及时清理病残体集中处理，茎根软腐病清除后用石灰水浇塘。降低湿度，零星发生选用72%农用链霉素4000倍液、77%可杀得800倍液、50%琥胶肥酸铜每亩1000倍液、1%中生菌素1000倍液等药液喷施植株。

⑧病毒病：发病初期植株叶片出现黄绿相间的花叶斑，叶片小而厚，植株生长缓慢，严重时病株畸形、枯死。由凤仙花坏死斑病毒（INSV），番茄褪绿斑病毒（TCSV），花生环斑病毒（GRSV）复合侵染。

（防治方法）及时防治蓟马等害虫，拔除严重病株集中处理，减少病源。发病初期选用2%氨基寡糖素1000倍液、50%氯溴异氰尿酸1000倍液、8%宁南霉素2000倍液等其中一种药剂喷施2～3次，增施磷酸二氢钾，提高植株的抗病性。

（2）虫害　重楼的虫害主要有地下害虫类、夜蛾类、蓟马、红蜘蛛、斑潜蝇等。（图4）

①地下害虫类：地下害虫有蛴螬、地老虎、金针虫等，主要危害根部和嫩苗茎基部等。啃食植物根茎，引发根茎病害及缺苗断垄，影响药材产量和质量。

（防治方法）秋冬季深翻土壤，避免与幼虫嗜食的作物连作或套种；施用腐熟有机肥，防止成虫产卵。在成虫大量发生初期选用50%辛硫磷乳油1000倍液、10%吡虫啉1500倍液喷施。幼虫零星发生选用50%辛硫磷乳油1000倍液、10%吡虫啉1000倍液、乐地农1000倍液、2.5%溴氰酯1500倍液等浇灌根部。

图4　蓟马危害状及蛴螬危害状

②潜叶蝇类：属双翅目潜叶蝇科。幼虫钻入寄主叶片组织中潜食叶肉，形成迂回曲折的白色虫道，造成叶片枯萎早落，产量下降。

防治方法 播种前翻耕土壤，清除杂草和摘除有虫叶，将其烧掉或深埋，以杀死部分虫蛹。成虫盛发期用用黄色粘虫卡或3%的红糖液加少量敌百虫晶体喷洒诱杀成虫。叶片零星虫道时选用1.8%阿维菌素乳油2000倍液、40%速扑杀1000倍液、1.8%爱福丁乳油1500倍液、灭蝇胺乳油1500倍液等药剂喷施。

③红蜘蛛：发生初期叶片出现黄色针尖样斑点，引起植株长势衰弱；后期叶片正面沙白、焦枯，似火烧状。

防治方法 收获后彻底清除枯叶及周围杂草。发生初期用75%倍乐霸可湿性粉1500倍液、10%吡虫啉1500倍液或4%杀螨威乳2000倍液等于叶片正、反面喷雾防治，连喷2～3次。注意保护和利用天敌草蛉、丽草蛉等，避免在天敌发生盛期喷药。

④蓟马类：蓟马种类主要有花蓟马、瓜蓟马、稻蓟马、葱蓟马等。不但危害叶片、花蕾，还传播病毒。以成虫和若虫锉吸植株幼嫩组织汁液，被害嫩叶、嫩梢变硬卷曲枯萎，植株生长缓慢，严重影响生长和产量。肉眼可见叶背面成虫、若虫，成虫多在叶脉间吸取汁液。

防治方法 清除田间杂草和枯枝残叶，集中烧毁或深埋，消灭越冬成虫和若虫。利用蓝板诱杀成虫。零星发生选用10%吡虫啉1500倍、5%啶虫脒2000倍、4.5%高氯乳油1000倍、5%溴虫氰菊酯1000倍等药剂进行叶片正、反面喷施。

⑤蚜虫：以成虫、若虫吮吸嫩叶的汁液，使叶片变黄，植株生长受阻。蚜虫又是传播病毒的媒介，传播病毒的危害比直接危害的损失更重。主要发生在高温干燥的天气季节，旱情重，蚜虫发生量增大。

防治方法 根据蚜虫在高温干旱时节容易发生的特点，注意做好抗旱工作；在重楼地及周围做好冬季的除草和翻地工作，清洁田间，不能在重楼地周围保留蚜虫过冬的十字花科蔬菜和植物。尽早控制在点片发生阶段，按使用说明书用量选用吡虫啉、啶虫脒和苦参碱等进行防控。

⑥蜗牛：蜗牛是一种雌雄同体、异体受精的软体动物。食性极杂，主要为害嫩芽、叶片。

防治方法 清晨、阴天或雨后人工捕捉或在排水沟内堆放青草诱杀。零星发生选用90%敌百虫晶体1000倍液、50%辛硫磷1000倍液、48%地蛆灵200倍液等药剂喷施，或者采用3%护地净颗粒剂、3%呋喃丹颗粒剂等撒施。

⑦蛞蝓：俗称鼻涕虫，体柔软，形状似去壳的蜗牛，外形呈不规则的圆柱形，喜欢

在潮湿环境中，在高湿、高温的季节最为活跃，4～6月为害最烈。白天潜伏，夜间啃食植物的叶片，直接影响重楼的生长。

防治方法　保持干燥环境，清除田园、秋季耕翻破坏其栖息环境；施用充分腐熟的有机肥，创造不适于蛞蝓发生和生存的条件；每亩用生石灰5～7千克，在危害期撒施于沟边、地头或作物行间驱避虫体。选用48%地蛆灵乳油或6%蜗牛净颗粒剂配成含有效成分4%左右的豆饼粉或玉米粉毒饵，在傍晚撒于田间垄上诱杀；或用8%灭蛭灵颗粒剂2千克/亩撒于田间。

五、采收加工

综合产量和药用成分含量两方面因素，种子繁育种苗的滇重楼在移栽后第6年采收最佳；带顶芽根茎的种苗在移栽后第5年采收最佳。10～11月滇重楼地上茎枯萎后采挖。挖取的滇重楼，去净泥土和茎叶，把带顶芽部分切下留作种苗，其余部分洗净干燥。

滇重楼的工作方法影响着药材的质量，35℃烘干、自然阴干、自然晒干的滇重楼色泽均良好，断面呈白色至浅棕色、粉性；温度高易造成皂苷下降，温度超过50℃的干燥方法使滇重楼断面易呈棕色至深棕色、角质，影响外观，因此滇重楼适宜在35℃恒温烘干。干燥后，打包或装麻袋贮藏。

六、药典标准

1. 药材性状

本品呈结节状扁圆柱形，略弯曲，长5～12厘米，直径1.0～4.5厘米。表面黄棕色或灰棕色，外皮脱落处呈白色；密具层状凸起的粗环纹，一面结节明显，结节上具椭圆形凹陷茎痕，另一面有疏生的须根或疣状须根痕。顶端具鳞叶和茎的残基。质坚实，断面平坦，白色至浅棕色，粉性或角质。气微，味微苦、麻。

2. 鉴别

本品粉末白色。淀粉粒甚多，类圆形、长椭圆形或肾形，直径3～18微米。草酸钙针晶成束或散在，长80～250微米。梯纹导管及网纹导管直径10～25微米。

3. 检查

（1）水分　不得过12.0%。

（2）总灰分　不得过6.0%。

（3）酸不溶性灰分　不得过3.0%。

七、仓储运输

1. 仓储

药材仓储要求符合NY/T1056—2006《绿色食品贮藏运输准则》的规定。仓库应具有防虫、防鼠、防鸟的功能；要定期清理、消毒和通风换气，保持洁净卫生；不应与非绿色食品混放；不应和有毒、有害、有异味、易污染物品同库存放；在保管期间如果水分超过12%、包装袋打开、没有及时封口、包装物破碎等，导致滇重楼吸收空气中的水分，发生返潮、霉变、生虫等现象，必须采取相应的措施。

2. 运输

运输车辆的卫生合格，温度在16～20℃，湿度不高于30%，具备防暑防晒、防雨、防潮、防火等设备，符合装卸要求；进行批量运输时应不与其它有毒、有害、易串味物质混装。

八、药材规格等级

滇重楼药材分为粉质重楼和角质重楼，粉质重楼和角质重楼可分开定级，同一级别中，粉质重楼优于角质重楼。

1. 一等

干货，呈结节状扁圆柱形，略弯曲。表面黄棕色或灰棕色，外皮脱落处呈白色，密具层状突起的粗环纹，一面结节明显，结节上具椭圆形凹陷茎痕，另一面有疏生的须根或疣状须根痕，顶端具鳞叶和茎的残基。质坚实，断面平坦，白色或至浅棕色，粉性或角质。气微，味微苦、麻。每公斤≤20支，最大直径≥3.5厘米。无变色、走油、霉变、虫蛀，杂质少于3%。

2．二等

干货，呈结节状扁圆柱形，略弯曲。表面黄棕色或灰棕色，外皮脱落处呈白色，密具层状突起的粗环纹，一面结节明显，结节上具椭圆形凹陷茎痕，另一面有疏生的须根或疣状须根痕，顶端具鳞叶和茎的残基。质坚实，断面平坦，白色或至浅棕色，粉性或角质。气微，味微苦、麻。每公斤≤40支，最大直径≥2.5厘米。无变色、走油、霉变、虫蛀，杂质少于3%。

3．三等

干货，呈结节状扁圆柱形，略弯曲。表面黄棕色或灰棕色，外皮脱落处呈白色，密具层状突起的粗环纹，一面结节明显，结节上具椭圆形凹陷茎痕，另一面有疏生的须根或疣状须根痕，顶端具鳞叶和茎的残基。质坚实，断面平坦，白色或至浅棕色，粉性或角质。气微，味微苦、麻。每公斤≤100支，最大直径≥2.0厘米。无变色、走油、霉变、虫蛀，杂质少于3%。

4．统货

干货，呈结节状扁圆柱形，略弯曲。表面黄棕色或灰棕色，外皮脱落处呈白色，密具层状突起的粗环纹，一面结节明显，结节上具椭圆形凹陷茎痕，另一面有疏生的须根或疣状须根痕，顶端具鳞叶和茎的残基。质坚实，断面平坦，白色或至浅棕色，粉性或角质。气微，味微苦、麻。大小不等。无变色、走油、霉变、虫蛀，杂质少于3%。

九、药用食用价值

1．临床常用

重楼的功能主治为清热解毒、消肿止痛、凉肝定惊。用于疔疮痈肿，咽喉肿痛，蛇虫咬伤，跌扑伤痛，惊风抽搐。可治疗咽喉肿痛、疟腮、喉痹治，热毒疮疡，还可用于癌肿；本品入肝经血分，能消肿止痛，化瘀止血，可治疗外伤出血，跌打损伤，瘀血肿痛；本品苦寒入肝，有凉肝泻火，熄风定惊之功，故尚可用于小儿高热惊风抽搐。

重楼在我国用药历史悠久，使用较为普遍，向来被誉为蛇伤痈疽之良药，大部分本草书籍均有记载。早在2000多年前的《神农本草经》就把重楼列为下品，谓："蚤休，味苦微寒，主惊痫，摇头弄舌，热气在腹中，癫疾，痈疮，阴蚀，下三虫，去蛇毒"，其后的《名医别录》《新修本草》《本草纲目》等历代本草典籍均对重楼的药性、药效以及形态均做出描述。而明代兰茂在其《滇南本草》中有"重楼，味辛、苦，性微寒。……是疮不是疮，先用重楼解毒汤。此乃外科之至药也，主治一切无名肿毒，攻各种疮毒痈疽，发背痘疔等症最良"的记载，认为重楼为外科至药，主治一切无名肿毒。根据上述记载，重楼主治无名肿毒，各种疮毒痈疽，并沿用至今。重楼是传统医学中一味功效显著的中药材（消肿止血、清热解毒、凉肝定惊等），传统中医用于治疗疔疮痈肿，咽喉肿痛，毒蛇咬伤，跌扑伤痛，惊风抽搐等症。当今临床用于治疗子宫出血、胃炎、带状疱疹、治疗泌尿系统感染效果显著，且无明显副作用。另外，重楼常被组成方剂用于癌症的治疗，如胃癌、食管癌、喉癌、直肠癌、肺癌、宫颈癌、白血病等，均有满意的疗效。临床研究还显示，滇重楼的乙醇提取物对痤疮的主要致病相关菌（痤疮丙酸杆菌、表皮葡萄球菌和金黄色葡萄球菌）具有明确的抑制作用，常用于顽固性痤疮的治疗。而云南民间也常将滇重楼用于外伤出血、骨折、扁桃腺炎、腮腺炎、乳腺炎、肠胃炎、肺炎、疟疾、痢疾等多种疾病。

由于重楼具有较强的生理活性，临床应用范围广，又是传统医学中一味功效显著的药材，具有抗癌、消肿止血、清热解毒、凉肝定惊等功效。在国药标准中，以重楼作为主要原料的成方制剂达78个，以重楼为主要原料的中成药品种就有100多个，为"宫血宁""沈阳红药系列""金品肿痛系列""抗病毒颗粒系列产品""季德胜蛇药片"及"金复康口服液"等20多个国家重点保护中药的主要原材料；在所有以重楼为原料的中成药中47%左右为跌打损伤、止血或风湿类药；10%为抗癌药；10%为感冒消炎药；8%为皮肤外用药，其余的占25%，超过150多家药厂的产品涉及重楼药材。国际上，日本、韩国已经从重楼中发现疗效较好的抗癌成分，并大量从中国进口重楼药材原料。由于重楼具有较强的抗癌、抗病毒等功效，其前景良好。

2. 食疗及保健

民间还将重楼作为食材等，来治疗一些疾病，如治疗胃病、跌打损伤、骨质疏松症。如重楼炖猪肚汤：重楼20～50克，猪肚一个，猪肚洗净，重楼打碎，冷水浸透，放入猪肚中留少许水分，然后用线将口扎紧，放入锅中加水适量，文火煲熟调味后服食。用于胃炎、胃溃疡以及十二指肠溃疡等。重楼炖筒子骨：重楼20～50克，续断50克，筒子骨1个，排骨洗净，重楼切片，放入锅中加水适量，文火煲熟调味后服食。用于跌打损伤恢复及骨质疏松。

重楼泡酒：滇重楼100克，纯粮食白酒1千克，重楼切片或打碎，泡入酒中1个月后，饮用。用于治疗跌打损伤、内出血等。

重楼面膜：重楼15克，丹参30克，将重楼、丹参洗净，切片，同入砂锅，加水500毫米，大火煮沸后小火在煮20分钟，滤出药液，将剩余药渣加水在煮，取药液，合并两次滤液，调入10克蜂蜜即成，每日分3次饮完，同时用此液涂脸，15分钟后用清水洗去。可用于脓疱性、囊肿性痤疮。

参考文献

[1] 李恒. 重楼属植物[M]. 北京：科学出版社，1998：14.

[2] 杨丽英，杨斌，王馨，等. 滇重楼新品种选育研究进展[J]. 农学学报，2012，2（7）：22–24.

[3] 张金渝，虞泓，张时刚，等. 多叶重楼遗传多样性的RAPD分析[J]. 生物多样性，2004，12（5）：517–522.

[4] 杨远贵，张霁，张金渝，等. 重楼属植物化学成分及药理活性研究进展[J]. 中草药，2016，47（18）：3301–3323.

[5] 王羽，高文远，袁理春，等. 滇重楼的化学成分研究[J]. 中草药，2007，38（1）：17–20.

[6] 王艳霞，李惠芬. 重楼抗肿瘤作用研究[J]. 中草药，2005，36（4）：628–630.

[7] 王强，徐国钧. 重楼类中药镇痛和镇静作用的研究[J]. 中国中药杂志，1990，15（02）：45–47.

[8] 满意，魏铭，王慧凯. 中药重楼活性成分抗肿瘤的作用机制[J]. 药学研究，2016，35（6）：355–356.

[9] 何明生，李秀. 重楼药理作用的研究进展[J]. 世界中医药，2012，7（6）：579–582.

[10] 苏文华，张光飞. 滇重楼光合作用与环境因子的关系[J]. 云南大学学报自然科学版，2003，25（6）：545–548.

[11] 陈翠，杨丽云，吕丽芬，等. 滇重楼种子育苗技术研究[J]. 中国中药杂志，2007，32（19）：1979–1983.

[12] 陈翠，杨丽云，袁理春，等. 不同栽培密度对滇重楼生长的影响研究[J]. 云南农业科技，2010（4）：16–18.

[13] 陈翠，汤王外，谭敬菊，等. 不同遮荫方式及遮荫率对滇重楼生长的影响研究[J]. 中国农学通报，2010，26（10）：149–151.

[14] 杨琳，李娟，曾令祥. 贵州道地中药材重楼主要病虫害发生危害与防治技术[J]. 农技服务，2015，32（7）：115–117.

[15] 杨永红，严君，刘君英，等. 滇重楼根茎腐烂的调查及其主要害虫研究[J]. 中药材，2009，32（9）：1342–1346.

[16] 吴喆，张霁，金航，等. 红外光谱结合化学计量学对不同采收期滇重楼的定性定量分析[J]. 光谱学与光谱分析，2017，37（6）：1754–1758.

[17] 杨勤，张华，周浓，等. 滇重楼贮藏期间化学成分的变化[J]. 中国实验方剂学杂志，2015（13）：56–58.

[18] 姜黎，孙琴，张春，等. 基于ITS全序列分析的重楼常见混伪品鉴定研究[J]. 中国新药杂志，2013（20）：2439～2444.

[19] 赵仁，谭慧，山学祥，等. 滇重楼种植与可持续发展[J]. 云南中医学院学报，2016（2）：90-94.

（云南省农业科学院药用植物研究所　张金渝）

石斛

本品是常用名贵中药材，为兰科石斛属金钗石斛*Dendrobium nobile* Lindl.、鼓槌石斛*D. chrysotoxum* Lindl.、流苏石斛*D.fimbriatum* Hook.的栽培品及其同属植物近似种的鲜茎或干燥茎的统称。

一、植物特征

1. 金钗石斛

附生。茎直立，肉质状肥厚，丛生，基部圆柱形，从中部开始压扁，呈扁圆柱形，长10～60厘米，宽1.5～2厘米；不分枝，多节，节有时稍膨大，节间多少呈倒圆锥形，节间长2～4厘米，黄绿色，具纵槽纹，干后金黄色；叶矩圆形或宽线形，近革质，长6～11厘米，宽1～3厘米，先端为不等的2圆裂，基部具抱茎的鞘；总状花序从具叶或落了叶的老茎中部以上部分发出，长2～4厘米，基部被鞘状苞片，具花1～4朵；花序柄长5～15毫米，基部被数枚筒状鞘；花大，直径7～8厘米，先端紫红色，基部大部分呈白色，有时全体淡紫红色或除唇盘中央具1个紫红大斑块外，其余均为白色；中萼片长圆形，先端钝，具5条脉；侧萼片相似于中萼片，片先端尖锐，基部歪斜；花瓣多少斜宽卵形，先端钝，基部具短爪，全缘，具3条主脉和许多支脉；唇瓣宽倒卵形，基部两侧具紫红色条纹并且收狭为短爪，中部以下两侧围抱蕊柱，边缘有缘毛，两面密生短柔毛，具3条主脉和许多支脉；唇盘中央具1个紫红大斑块。花期4～5月；蒴果。（图1）

图1 金钗石斛植物图

2. 鼓槌石斛

茎直立，肉质，纺锤形，长6～30厘米，中部粗1.5～5厘米，具2～5节间，具多数圆钝的条棱，干后金黄色，近顶端具2～5枚叶。叶革质，长圆形，长达19厘米，宽2～3.5厘米或更宽，先端急尖而钩转，基部收狭，但不下延为抱茎的鞘。总状花序近茎顶端发出，斜出或稍下垂，长达20厘米；花序轴粗壮，疏生多数花；花序柄基部具4～5枚鞘；花苞片小，膜质，卵状披针形，长2～3毫米，先端急尖；花梗和子房黄色，长达5厘米；花质地厚，金黄色，稍带香气；中萼片长圆形，长1.2～2厘米，中部宽5～9毫米，先端稍钝，具7条脉；侧萼片与中萼片近等大；萼囊近球形，宽约4毫米；花瓣倒卵形，等长于中萼片，宽约为萼片的2倍，先端近圆形，具约10条脉；唇瓣的颜色比萼片和花瓣深，近肾状圆形，长约2厘米，宽2.3厘米，先端浅2裂，基部两侧多少具红色条纹，边缘波状，上面密被短绒毛；唇盘通常呈"∧"隆起，有时具"U"形的栗色斑块；蕊柱长约5毫米；药帽淡黄色，尖塔状。花期3～5月。（图2）

3. 流苏石斛

茎粗壮，斜立或下垂，质地硬，圆柱形或有时基部上方稍呈纺锤形，长50～100厘米，粗8～12（～20）毫米，不分枝，具多数节，干后淡黄色或淡黄褐色，节间长3.5～4.8厘米，具多数纵槽。叶二列，革质，长圆形或长圆状披针形，长8～15.5厘米，宽2～3.6厘米，先端急尖，有时稍2裂，基部具紧抱于茎的革质鞘。总状花序长5～15厘米，疏生6～12朵花；花序轴较细，多少弯曲；花序柄长2～4厘米，基部被数枚套叠的鞘；鞘膜质，筒状，位于基部的最短，长约3毫米，顶端的最长，达1厘米；花苞片膜质，卵状三角

图2　鼓槌石斛植物图

形，长3～5毫米，先端锐尖；花梗和子房浅绿色，长2.5～3厘米；花金黄色，质地薄，开展，稍具香气；中萼片长圆形，长1.3～1.8厘米，宽6～8毫米，先端钝，边缘全缘，具5条脉；侧萼片卵状披针形，与中萼片等长而稍较狭，先端钝，基部歪斜，全缘，具5条脉；萼囊近圆形，长约3毫米；花瓣长圆状椭圆形，长1.2～1.9厘米，宽7～10毫米，先端钝，边缘微啮蚀状，具5条脉；唇瓣比萼片和花瓣的颜色深，近圆

图3　流苏石斛植物图

形，长15～20毫米，基部两侧具紫红色条纹并且收狭为长约3毫米的爪，边缘具复流苏，唇盘具1个新月形横生的深紫色斑块，上面密布短绒毛；蕊柱黄色，长约2毫米，具长约4毫米的蕊柱足；药帽黄色，圆锥形，光滑，前端边缘具细齿。花期4～6月。（图3）

二、资源分布情况

石斛属植物适宜生长在热带、亚热带原始森林及类似的温暖湿润的环境。云南省冬无严寒，夏无酷暑，气候温暖，是中国石斛资源最丰富的省份，全省分布有石斛属植物58种2变种，为全国市场提供70%以上的石斛原料。根据《云南植物志》记载，云南省16个州、市中除昭通、曲靖和楚雄外，其他13个州、市都有石斛属植物自然分布的记载，涉及全省51个县（区、市）域。大多数石斛种分布在北纬25°以南的南部县（区、市）域内，全省

石斛属植物自然分布从西北、西南到东南呈L型。由于受海拔、空气湿度、植被等小气候环境的影响，分布的地域虽然较广，但种群面积较小，基本上呈点状分布。

几种常用药用石斛植物如铁皮石斛、金钗石斛、鼓槌石斛、流苏石斛、齿瓣石斛等主要分布在气候温暖湿润的怒江州（怒江河谷、贡山一带）、德宏州、保山市、临沧市、思茅市、西双版纳州、红河州及文山州。

1. 金钗石斛

云南东南部至西北部有分布（怒江州、德宏州、保山市、临沧市、思茅市、西双版纳州、红河州、文山州）。常生于海拔480～1700米的山地林中树干上或山谷岩石上。

2. 鼓槌石斛

云南南部至西部有分布（德宏州、保山市、临沧市、思茅市、西双版纳州、红河州、文山州）。常生于海拔520～1620米，阳光充足的常绿阔叶林中树干上或疏林下岩石上。

3. 流苏石斛

云南东南部至西南部（怒江州、德宏州、保山市、临沧市、思茅市、西双版纳州、红河州、文山州）有分布。常生于海拔1000～1700米，密林中树干上或山谷阴湿岩石上。

三、生长习性

1. 喜温暖

石斛属植物原产热带、亚热带地区，喜热带、亚热带原始森林及类似的温暖湿润的环境。分布地年均气温8.5～21.7℃，年极端最高气温35.7℃，年极端最低气温−16℃，生长期最适温20～30℃，冬季平均气温1～12.2℃。

2. 喜阴凉

野生生长环境条件下，有经过林冠过滤的散射光以及或从间隙透入的短暂的直射光斑，林间透光度在60%左右，如原始森林中一些大树干上附生的石斛，在树干上有阳光照射的朝上的一面，一般可以长满几乎整棵大树干。石斛喜阴蔽，怕直射光，人工模拟生境栽培石斛时应控制好荫蔽度，以60%～70%为宜。

3. 喜湿润

野生石斛属植物多以密集的气生根附着于石壁、沙砾、岩缝或森林树干上，利用岩逢渗水或树林间的潮气及夜晚露水来吸收水分和养料，冬春季节稍耐干旱，严重缺水时以落叶方式减少水分蒸腾，在年降雨量只有600毫米左右的情况下，可以裸茎渡过不良环境，不发生旱死现象。因此，生长小环境的水分，尤其是空气湿度需受到严格控制，即要求生长环境湿润而又不能处于过湿的环境中。云南省自然生长的石斛属植物，在湿度为70%以上，降雨量为900～1500毫米的地区长势良好。

4. 分布区的海拔高度

在热带地区，石斛属植物主要分布在海拔900～1500米之间。云南省自然生长的石斛属植物，在海拔350～3400米的森林中均有分布，如在西双版纳，石斛属资源从海拔600米的热带湿性季节性雨林到2000米的季风常绿阔叶林中均有分布，而以海拔800～1300米的石灰岩季节性雨林及河岸季雨林中分布的种类和数量最多。

5. 具附生、丛生特性

自然界的石斛常附生于森林植物树干上、林下或山谷岩石上，其生长大多依赖于附主的水分和养分，靠厚厚的半腐化状态的树皮或石面上、岩缝中的腐殖土提供无机营养和水分。

6. 云南省种植适宜区域划分

（1）最适宜区　年均气温在16.1～19.0℃，年均相对湿度≥81%。

（2）适宜区　年均气温在15.6～16.0℃或＞19.0℃，或年均气温达到最适宜区条件但年均相对湿度76%～80%。

（3）次适宜区　年均气温在14.5～15.5℃，或气温达到适宜区条件但年均相对湿度73%～75%。

在以上标准之外的区域为不适宜区。

四、栽培技术

（一）种植材料

石斛属植物无性繁殖主要采取分株和利用会萌发高位芽的特性进行扦插繁殖，但鉴于繁殖材料获得困难，一般不采用。

石斛属植物由于种子极小，呈粉末状，野生条件下，只有与其他菌共生才能萌发，萌发率极低。人工条件下，给予丰富的养分及适宜的光、温、水湿条件，能正常萌发，生产上主要用种子无菌播种，通过萌芽、分化、增殖、壮苗、生根等培养进行扩繁育苗（以金钗石斛为例），由于此方法对设施要求及人员专业较强，一般由专业机构生产，种植户直接购买即可，故不做详细介绍。（图4～图6）

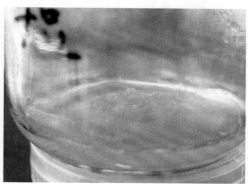

图4　金钗石斛的种子及萌发

图5　增殖与生根

驯化

起苗   出圃

图6 驯化、起苗与出圃

（二）选地与整地

1. 选地

　　石斛栽培模式主要有林下栽培及大棚栽培。林下栽培宜选择地势平缓，通风透气性好的常绿阔叶疏林。大棚栽培宜选择地势平坦，四周开阔，通风透气性好，水源充裕，交通、电力设施方便的地方。

2. 整地

　　（1）林下栽培　清除林下较小灌木丛、过密草丛、枯枝落叶、泥土，使林内通风、透气、透光，修整便道便于贴树或贴石栽培。在清理杂草灌丛时注意不要掀起石面上的苔藓。场地要保持整洁清爽。

　　（2）大棚栽培　大棚基地地址选定后进行平整、规划。

　　①遮阳防雨大棚建设：遮阳大棚建设以经济适用为原则，以钢架结构为经久耐用。棚高2.5～3米，遮阳度60%～75%，棚宽、长依地块而设定。

②苗床制作：床架可根据实际情况，选建木质架、钢架、水泥架或空心砖架，床垫可为塑料网、圆木、木板等，苗床长根据大棚地形而定，宽130～150厘米，高80厘米，过道50厘米，有利于移栽、日常管理、起苗等操作。苗床搭建过程中，要求整个苗床保持5°的倾斜，有利于沥水。

（三）栽培

1. 栽培时间

石斛每年3～5月份为盛花期和萌芽旺盛期，6～8月为生长旺盛期，9～10月有一次秋芽萌发期，此后，植株生长减慢或逐渐停止，慢慢进入休眠期。栽种适宜期以春季（2～4月）最好，秋季（9～10月）次之。此时栽培，笋芽还未完全萌发出来，栽培时伤害不到笋芽，栽好后，一旦笋芽发育成苗，在其基部萌发的新根能及时吸附在附主上，从而进一步实现固定、吸收养分、水分的作用。若已萌发了笋芽，栽培时尽可能小心避免伤害笋芽。

2. 栽培方法

林下栽培的种苗要求苗高大于10厘米，2～3株/丛，苗丛紧凑，苗干通直壮实、色泽浓绿光亮，笋芽发育饱满、健壮，根系发达，无机械损伤的丛苗。栽培主要采取线卡+腐熟牛粪浆+活苔藓盖根法。

（1）贴树栽培　选择林中树干粗大，水分较多，树冠茂盛，树皮疏松有纵裂沟的常绿树（如青冈栎、黄栗、野柿等），在有苔藓附着或能接受到雨水的一面的树干上，每隔30～40厘米将已备好的种苗用线卡固定在树上或直接将种苗基部紧贴在树杈、树干凹处、树皮裂沟处，用线卡加以固定。（图7）

（2）贴石栽培　选择阴湿林下的石缝，石槽有腐殖质处，将丛苗的根部，用牛粪稀浆包住，塞入岩石缝或槽内，塞时应力求稳固，以免掉落。或按30厘米×30厘米密度种植，将苗用线卡固定。

无论是贴树栽培还是贴石栽培，栽培时，苗的根须、基部均要贴于附主面，根系要自然伸展，用线卡固定苗时，应卡在丛苗主株的茎基部以上1.5～2.5厘米处，若线卡固定在植株的基部，会捂住基部，严重影响基部萌发笋芽和新根。在钉压苗时，注意不要卡住嫩芽和损伤植株。苗固定好后，用充分腐熟的牛粪按1：2的比例加水稀释成牛粪浆，用刷子

图7　贴树栽培（左金钗石斛、右鼓槌石斛）

将牛粪浆刷糊于根须周围，再用活的苔藓轻轻贴于植株根部和牛粪浆上。注意植株的基部应露于外，不能捂住或盖住，否则会严重影响笋芽、新根的萌发和生长。对于较倾斜的树干或石面，可用线卡将苔藓再加以固定，以防苔藓滑落。（图8）

（3）大棚栽培（图9）

①苗床种植：栽培基质应选择既保湿又疏松透气的基质，如边皮板、树皮、树皮屑、甘蔗渣、锯木等。生产上，尽可能选用经济实惠、取材方便或能就地取材的基质。基质选定后，若是树皮需进行过筛、冲洗、杀菌剂浸泡消毒后，用塑料膜覆盖堆捂后方可使用。由于栽培条件好，种苗可选择苗高大于3厘米，2～5株/丛，苗丛紧凑，苗干通直壮实、色泽浓绿光亮，笋芽发育饱满、健壮，根系发达，无机械损伤的出瓶苗。栽培时，先将基质放入大盆内，用水浸湿后将基质捞起铺平于苗床，厚10～15厘米，定植时，按20厘米×20厘米的株行距，将种苗根系展开放置，用基质覆盖根部使之站立，浇足定根水。切忌捂住基部，以防烂芽。（图10）

②地床种植：栽培基质为石头，种苗要求苗高大于10厘米，2～3株/丛，苗丛紧凑，苗干通直壮实、色泽浓绿光亮，笋芽发育饱满、健壮，根系发达，无机械损伤的出圃苗。用石块做成宽1～1.2米，长依地形而定，高10厘米～20厘米的畦，将种苗按20厘米×20厘米的株行距栽于畦内，上面用碎石块压紧固定。在每窝处洒上一些锯木屑或枯枝、落叶（特别是棕榈科植物的叶）等粉碎物，或在畦内碎砖上覆盖一层树皮、椰子壳等保持畦面湿润，切忌捂住基部，以防烂芽。浇足定根水。

图8 贴石栽培

图9 金钗石斛的大棚栽培

图10　苗床种植（左鼓槌石斛，右流苏石斛）

3. 田间管理

（1）浇水　金钗石斛对湿度的要求较高，栽种后应保持湿润的环境条件。浇水应在上午和下午较为凉快时进行。

①林下栽培：当空气相对湿度低于75%时，应注意适时喷水，一般可每星期喷水2～3次，使覆盖基质保持湿润。切忌浇水过多造成积水烂根烂苗。

②大棚栽培：要有规律的浇水，配合季节及气候变化予以调整浇水间隔及次数，保持基质湿润即可。在生长旺盛期内，每天保持用水喷雾以提高空气湿度，使空气湿度应保持在80%～85%。同时可降低温度，缓解暑热。切忌基质过湿，以免造成烂苗烂根。

（2）施肥　刚定植的苗1周后要施1次含磷钾成分高的肥料，七天后再施一次，以利促使新苗生根发芽。春芽和秋芽萌发后，每10天喷施1次叶面肥，春季可施含氮比例较高一点的叶面肥，以促进植株新芽生长，秋季可施含磷、钾比例较高的叶面肥，以提高植株的抗寒能力。在进入十一月份，停施含氮成分高的肥料，专施抗寒、促进根系发达的磷钾肥，每半个月喷一次磷酸二氢钾，连喷3～4次。施肥最好是晴天的清晨或傍晚，冬季和植株采收前2个月应停止施肥。旺盛生长期，林下栽培及大棚地床栽培的以施有机肥为主，追肥时，将沤制的农家肥或沼液用水稀释成40～50倍液，在石斛旺盛生长期，每月浇施一次。大棚苗床栽培，每星期用高氮和平衡缓释肥交替循环使用。

（3）除草　林下栽培的石斛每年进行2～3次除草，清除林间灌木、杂草，保持林间的通风透气，清除干净石斛根际周围的泥土、枯枝落叶、杂草，特别是多雨季节，大量腐叶、浮泥对根的透气影响很大，必须随时清除。大棚栽培的应及时清除棚内外杂草及苗床上面的杂草、病株、黄叶和菌类杂物，清理时，不要伤根、动苗，否则会影响石斛的生长和产量。

（4）荫蔽度调节　石斛为落叶类春石斛，光照不足，金钗石斛假鳞茎生长纤细，软弱，易得病，荫蔽度以控制在60%～70%为宜。林下栽培的石斛每年冬春适当修剪去除过密枝条及砍除林内较密灌丛和小乔木，以增加透光度和透气性，大棚栽培的石斛在冬季可揭开遮阳网，使其透光，让植株得到适宜的光照和雨露。

（5）修枝　石斛栽种后，若生长环境适合，管理得当，3～4年后进入丰产盛期。每年春季发芽前或采收时，应剪去丛内部分老枝、枯枝、病枝以及生长过密的茎枝，以调节其通透性，促进新芽生长。

（6）翻蔸　分株金钗石斛栽种5年以后，根基盘结，老根死亡、腐烂，易受病菌浸染，致使植株生长不良，因此应根据生长情况进行翻蔸，除去枯枝老根、老茎，进行分株，另行栽培，以促进植株的生长和增产增收。

（7）石斛病虫害防治　病虫害防治应遵循预防为主、综合治理的原则进行，加强水分、气温、透气性管理，时时督查生产情况，一经发现病虫害症状，应立即采取措施处理，不能延误。在用药时，要对症下药，按照使用方法要求按量使用。每星期用药1次，连续用药2～3次后，观察效果后再正确处理。喷药时间应选择早晨露水干后和下午凉快时进行，不宜在雨天施药，严禁在烈日当空时施药；采收前2个月应停止用药。

①猝倒病：加强大棚通风，降低温度和湿度，拔除受害苗株后，再用70%甲基托布津可湿性粉剂500倍液处理栽培基质。

②叶斑病类：及时清理棚内病枝落叶，减少病害侵染来源，发病初期用70%甲基托布津可湿性粉剂500倍液和苯醚1500每半月喷洒1次，连喷4～5次。

③石斛软腐病：加强通风，栽培基质不要积水，及时摘除病叶，病害发生时拔除病株后，用每升200毫克农用链霉素喷洒。

④基腐病：用72%甲霜灵800倍药剂每半月喷洒1次。

⑤疫病：用72%甲霜灵800倍药剂每半月喷洒1次。

⑥介壳虫：注意通风，种植密度不宜过密，发现少量介壳虫时用软毛牙刷刮去虫体后，再用70%吡虫啉7500倍液喷洒，每半月喷1次。

⑦蜗牛和蛞蝓：蜗牛常在日落后和阴雨天出来活动，用密达撒施驱杀或人工捕捉。

⑧青虫类（夜蛾和菜粉蝶）：用联苯菊酯25%乳油3000倍液，或用3%甲维盐微乳剂4000倍液。

五、采收加工

1. 采收

采收时间根据各栽培小环境而定，一般以秋后至翌年2月份采收的质量为佳，此时的当年生茎株已停止生长，枝茎坚实饱满，含水量少，折干率高，加工质量好。一般采取采大留小、采老留新的原则，采收时，用剪刀从茎基部约10厘米处将当年生茎株剪下，并留下部分嫩株继续繁殖，以便来年连续收获，达到一年栽种，多年受益的目的。

2. 加工

产地加工一般分为鲜石斛和干石斛两大类。

（1）鲜石斛加工　采收的鲜条剪除叶片、叶鞘等直接供药用，或平装于竹筐内，盖席贮存，但注意空气流通，忌沾水而致腐烂变质。

（2）干石斛加工

①烘烤法：除根叶→水浸泡数日，弃叶鞘质膜→晾干烘烤→捆绑，竹席盖好→小火烘烤七八成干→搓揉→再烘干→取出喷水少许→堆放，草垫盖好→颜色成金黄色再烘至全干即可。

②水烫法：除根叶→沸水中浸烫5分钟→捞出沥干水→暴晒，每天翻动2、3次，5成干（身软）时→多次搓揉，去净残存叶鞘→晒至全干即可。

③砂炒+烘干法：除去杂质，先用砂炒，直到听到爆鸣声，茎成金黄色，取出，放凉，然后置烘房烘干。

六、药典标准

1. 药材性状（图11）

（1）鲜石斛　呈圆柱形或扁圆柱形，长约30厘米，直径0.4～1.2厘米。表面黄绿色，光滑或有纵纹，节明显，色较深，节上有膜质叶鞘。肉质多汁，易折断。气微，味微苦而回甜，嚼之有黏性。

（2）金钗石斛　呈扁圆柱形，长20～40厘米，直径0.4～0.6厘米，节间长2.5～3厘米。表面金黄色或黄中带绿色，有深纵沟。质硬而脆，断面较平坦而疏松。气微，味苦。

（3）鼓槌石斛　呈粗纺锤形，中部直径1～3厘米，具3～7节。表面光滑，金黄色，有明显凸起的棱。质轻而松脆，断面海绵状。气微，味淡，嚼之有黏性。

（4）流苏石斛　等呈长圆柱形，长20～150厘米，直径0.4～1.2厘米，节明显，节间长2～6厘米。表面黄色至暗黄色，有深纵槽。质疏松，断面平坦或呈纤维性。味淡或微苦，嚼之有黏性。

2. 显微鉴别

（1）横切面

①金钗石斛：表皮细胞1列，扁平，外被鲜黄色角质层。基本组织细胞大小较悬殊，有壁孔，散在多数外韧型维管束，排成7～8圈。维管束外侧纤维束新月形或半圆形，其外侧薄壁细胞有的含类圆形硅质块，木质部有1～3个导管直径较大。含草酸钙针晶细胞多见于维管束旁。

②鼓槌石斛：表皮细胞扁平，外壁及侧壁增厚，胞腔狭长形；角质层淡黄色。基本组织细胞大小差异较显著。多数外韧型维管束略排成10～12圈。木质部导管大小近似。有的可见含草酸钙针晶束细胞。

图11　鲜石斛（上流苏石斛，下鼓槌石斛）

③流苏石斛等：表皮细胞扁圆形或类方形，壁增厚或不增厚。基本组织细胞大小相近或有差异，散列多数外韧型维管束，略排成数圈。维管束外侧纤维束新月形或呈帽状，其外缘小细胞有的含硅质块；内侧纤维束无或有，有的内外侧纤维束连接成鞘。有的薄壁细胞中含草酸钙针晶束和淀粉粒。

（2）粉末特征　灰绿色或灰黄色。角质层碎片黄色；表皮细胞表面观呈长多角形或类多角形，垂周壁连珠状增厚。束鞘纤维成束或离散，长梭形或细长，壁较厚，纹孔稀少，周围具排成纵行的含硅质块的小细胞。木纤维细长，末端尖或钝圆，壁稍厚。网纹导管、梯纹导管或具缘纹孔导管直径12～50微米。草酸钙针晶成束或散在。

3. 检查

（1）水分　干石斛不得过12.0%。

（2）总灰分　干石斛不得过5.0%。

七、仓储运输

1. 仓储

药材仓储要求符合NY/T 1056—2006《绿色食品贮藏运输准则》的规定。仓库应具有防虫、防鼠、防鸟的功能；要定期清理、消毒和通风换气，保持洁净卫生；不应与非绿色食品混放；不应和有毒、有害、有异味、易污染物品同库存放；在保管期间如果水分超过14%、包装袋打开、没有及时封口、包装物破碎等，导致石斛吸收空气中的水分，发生返潮、结块、褐变、生虫等现象，必须采取相应的措施。

2. 运输

运输车辆的卫生合格，温度在16~20℃，湿度不高于30%，具备防暑防晒、防雨、防潮、防火等设备，符合装卸要求；进行批量运输时应不与其他有毒、有害、易串味物质混装。

八、药材规格等级

石斛在《七十六种药材商品规格标准》中未收录。根据《中国常用中药材（下部）》的记载，商品为统货。

1. 金钗石斛

统装足干，色黄，无须根，无枯死草，不捶破，无霉坏。

2. 马鞭石斛（流苏石斛）

（1）小马鞭石斛　足干，色黄身结实，无枯死草，无芦头须根，无霉坏，条粗直径0.3厘米以内。

（2）大马鞭石斛　足干，色黄身结实，无枯死草，无芦头须根，无霉坏，条粗直径超过0.3厘米。

九、药用食用价值

石斛味甘，微寒。归胃、肾经。益胃生津，滋阴清热。用于热病津伤，口干烦渴，胃阴不足，食少干呕，病后虚热不退，阴虚火旺，骨蒸劳热，目暗不明，筋骨痿软。

1. 中成药

以石斛药材组成的中成药处方有60多个，按药理分类，涉及抗血栓形成、抗出血、呼吸系统、肌肉–骨骼系统、神经系统、皮肤病、妇科用药、生殖系统调节、感觉器官、其他等方面。

（1）抗血栓形成　主要有愈风丹、脉络宁口服液、脉络宁注射液。脉络宁注射液（牛膝、玄参、石斛、金银花），具有清热养阴，活血化瘀的功效。用于血栓闭塞性脉管炎，静脉血栓形成，动脉硬化性闭塞症，脑血栓形成及后遗症等。

（2）抗出血　主要有八味西红花止血散、八宝治红丸［荷叶、大蓟、小蓟、香墨、甘草、白芍、牡丹皮、藕节、黄芩、侧柏叶（炭）、栀子（焦）、百合、陈皮、浙贝母、棕板（炭）、地黄、竹茹］等，清热泻火，凉血止血。用于吐血，衄血，咳血。

（3）呼吸系统　主要有养阴口香合剂、养阴生血合剂、孕妇清火丸、金嗓清音丸、治红丸、玉露保肺丸、羚羊清肺丸等。羚羊清肺丸清肺利咽，清瘟止嗽。用于肺胃热盛，感受时邪，身热头晕，四肢酸懒，咳嗽痰盛，咽喉肿痛，鼻衄咯血，口干舌燥。金嗓清音丸养阴清肺，化痰利咽。用于阴虚肺热而致的咽喉肿痛，慢性咽炎、喉炎。

（4）肌肉–骨骼系统　主要有保安万灵丹（丸）、壮骨丸、天麻祛风丸、强筋英雄丸、风湿塞隆胶囊等。风湿塞隆胶囊祛风，散寒，除湿。用于类风湿关节炎引起的四肢关节疼痛，肿胀，屈伸不利，肌肤麻木，腰膝酸软。

（5）神经系统　主要有万灵片、保安万灵丹（丸）、强心丸、解毒万灵丸、青麟丸等。万灵片温散寒凝，活血通络，解毒消肿。用于痈疽初起，发背流注以及风湿疼痛。

（6）感觉器官　主要有复明片、复明颗粒、明睛地黄丸、特灵眼药、琥珀还睛丸等。复明片滋补肝肾，养阴生津，清肝明目。用于肝肾阴虚所致的羞明畏光、视物模糊；青光眼，初、中期白内障见上述证候者。

（7）妇科用药　主要有乌鸡丸、坤宝丸、坤月安颗粒、调经白带丸等。调经白带丸调经补血，滋肾养阴。用于月经不调，白带多，腰膝酸痛等。

（8）生殖系统调节　主要有壮骨丸、鱼鳔丸等。鱼鳔丸补肝肾、益精血。用于肝肾不足，气血两虚，症见腰膝酸软无力头晕耳鸣，失眠健忘，梦遗滑精，阴痿早泄，骨蒸潮热。

（9）皮肤病　主要有保安万灵丹（丸）、消痤丸等。消痤丸清热利湿，解毒散结。用于湿热毒邪聚结肌肤所致的粉刺，症见颜面皮肤光亮油腻、黑头粉刺、脓疱、结节，伴有口苦、口黏、大便干、痤疮见上述证候者。

（10）其他　强心丸、清便丸、阴虚胃痛片、青麟丸、摩罗丹等。摩罗丹和胃降逆，健脾消胀，通络定痛。用于慢性萎缩性胃炎及胃疼，胀满，痞闷，纳呆，嗳气，烧心等症。

2. 中药方剂

以石斛药材组成的中药方剂有500多个，经典方剂主要如下。

（1）解表方（辛凉解表）　牛蒡解肌汤：炒牛蒡子、薄荷、荆芥、连翘、栀子、牡丹皮、干石斛、玄参、夏枯草。

（2）清热方（清营凉血）　凉营清气汤：水牛角、干石斛、石膏、地黄、薄荷、甘草、黄连片、栀子、牡丹皮、赤芍、玄参、连翘、淡竹叶、白茅根、芦根。

（3）祛暑方　清暑益气汤：西洋参、干石斛、麦冬、黄连片、知母、淡竹叶、荷梗、甘草、西瓜翠衣、粳米。

（4）补益方（补阴）　甘露饮：地黄、熟地黄、茵陈、麸炒枳壳、黄芩片、枇杷叶、甘草、干石斛、天冬、麦冬。

石斛夜光丸：天冬、麦冬、人参、茯苓、熟地黄、地黄、酒牛膝、燀苦杏仁、枸杞子、川芎、水牛角、蒺藜、麸炒枳壳、干石斛、五味子、青葙子、炙甘草、防风、酒苁蓉、黄连片、菊花、山药、盐菟丝子、决明子。

（5）补益方（阴阳双补）　地黄饮：熟地黄、盐巴戟天、山萸肉、干石斛、酒苁蓉、炮附片、五味子、肉桂、茯苓、麦冬、石菖蒲、制远志、薄荷。

（6）治风方（平熄内风）　滋生青阳汤：地黄、煅石决明、煅磁石、干石斛、黛麦冬、牡丹皮、白芍、薄荷、醋柴胡、姜天麻、桑叶。

3. 食疗及保健

（1）石斛10克、花旗参5克、麦冬20克煲水服，有润肺的功效。

（2）石斛10克、高丽参2克煮水服，能治胃寒，养精益气。

（3）石斛10克、冬虫草2克煲汤，有壮阳补虚的功效。

（4）淮杞石斛响螺汤　常用此汤佐膳，可以健脾开胃、补肾益精、保护视力，减少白内障的形成机会。

（5）山竹石斛生鱼汤　有健脾开胃，生津解渴的功效。尤其对糖尿病食疗效果更佳。

（6）石斛野菊炖水鸭汤　此汤气味醇香清润可口，有益胃生津、清热疏风、明目养肝的功效。尤宜日趋闷热时养生之用。

（7）石斛杜仲煲猪脊骨汤　具补益肝肾、强壮腰膝的功效，尤其是中老年人和女士们。

（8）白芍石斛瘦肉汤　具有很好的养阴补血作用。适用于胃病阴血不足者。症见面色苍白，眩晕，心悸，口渴，舌淡等。

（9）石斛海马养生汤　具补肾壮阳、活血散瘀、消肿功能。对胃亦甚佳：理胃气，清胃火，除心中烦渴，安神定惊。

（10）灵芝石斛洋参汤　具有滋阴润肺，清热生津，解酒护肝，健脾胃的功效，经常外出有工作应酬，或平时工作经常熬夜的人，可以尝试着用它做日常的调养。

（11）当归红枣椰子乌鸡汤　为补血行气，滋阴降火的菜肴。

（12）石斛花胶炖瘦肉　具有滋补养阴、养胃益气之功效。

（13）石斛鲍鱼汤　是一款药用价值高的药膳。可添精补髓，营运五脏六腑，对糖尿病、肾精不足以致视物昏花、夜盲、腰膝酸软等病症皆有效。

（14）虫草花石斛汤　是一款秋季滋补靓汤。主治热病伤津、消渴赢瘦、肾虚体弱、产后血虚、燥咳、便秘、补虚、滋阴、润燥、滋肝阴，润肌肤，利二便和止消渴。

（15）石斛竹荪老鸭汤　是一款滋补强壮、润肺止咳的药膳。汤清而不淡，补而不燥；具有滋阴清热、调理身体功能、增强身体免疫力的功效，特别适合湿热人群进补食用。

（16）红烧羊肉石斛汤　具有补气养血、暖肾补肝的作用，可强化血液循环功能、预防贫血，提高细胞活性，使脸上增添好气色。

（17）石斛白果汤　具有怡心健脾，益肺止咳功效。常用于治疗咳喘、缩小便、平皱皱、护血管、增加血流量等疾病。

（18）白菊花石斛鹧鸪汤　可理气疏肝热，消积化滞，益心健脾。用料：白菊花五钱，石斛五钱，鹧鸪一只，猪肉四两，陈皮、生姜少许。

（19）石斛杞子炖羊胎盘　具有滋阴潜阳、养肺健肾、美颜养肤之功。

参考文献

[1]　卢赣鹏. 500味常用中药材的经验鉴别[M]. 北京：中国中医药出版社，1999.

[2]　冉懋雄. 石斛[M]. 北京：科学技术出版社，2002.

[3]　唐德英，杨春勇，段立胜，等. 金钗石斛生物学特性研究[J]. 时珍国医国药. 2007，（18）10: 2586-2587.

[4]　唐德英. 野生鼓槌石斛引种和栽培技术[J]. 中国中药杂志，2006，（31）15: 1297-1298.

[5]　唐德英，杨春勇，王云强，等. 鼓槌石斛生长发育规律研究中草药[J]. 2006，（37）10: 1572-1574.

[6]　唐德英，李荣英，李学兰，等. 金钗石斛试管苗炼苗技术研究[J]. 中药材，2007，（30）7: 767-768.

[7]　唐德英，王云强，段立胜，等. 金钗石斛种苗繁育技术[J]. 时珍国医国药，2007，（18）4: 1020.

[8]　唐德英，王云强，李荣英，等. 金钗石斛试管苗繁殖技术操作[J]. 现代中药研究与实践. 2007，（21）1: 16-17.

[9]　唐德英，李荣英，李学兰，等. 金钗石斛试管苗仿野生栽培技术研究[J]. 中国中药杂志，2008，33（10）: 1208-1210.

[10]　唐德英，李学兰，段立胜，等. 流苏石斛扦插繁殖试验[J]. 中药材，2009，32（1）: 15-16.

[11]　唐德英，马洁，张丽霞，等. 鼓槌石斛种质资源调查研究[J]. 中国中药杂志. 2010，35（12）: 1529-1531.

[12]　唐玲，张丽霞，唐德英，等. 金钗石斛种苗分级质量标准研究[J]. 中药材，2012，35（1）: 12-15.

[13]　唐玲，李戈，唐德英，等. 鼓槌石斛的资源现状及保护利用研究[J]. 中国野生植物资源，2012，31（4）: 61-63.

[14]　赖泳红，王仕玉，萧凤回，等. 中国石斛属植物资源分布的主要生态因子[J]. 中国农学通报，2006，22（2）: 397-400.

[15]　萧凤回，郭玉姣，王仕玉，等. 云南主要药用石斛种植区域调查及适宜性初步评价[J]. 云南农业大学学报，2008，23（04）: 498-518.

[16]　李泽生，李桂琳，白燕冰，等. 铁皮石斛仿野生栽培技术规程[J]. 中国热带农业，2017，5（78）62-67.

[17]　张惠源，王克勤. 中国常用中药材［M］. 北京: 科学出版社，1995: 785-795.

（中国医学科学院药用植物研究所云南分所　唐德英）

铁皮石斛

tie pi shi hu

　　本品为兰科石斛属铁皮石斛*Dendrobium officnale* Kimura et Migo的干燥茎。11月至翌年3月采收，除去杂质，剪去部分须根，边加热边扭成螺旋形或弹簧状，烘干；或切成段，干燥或低温烘干，前者习称"铁皮枫斗"（耳环石斛）；后者习称"铁皮石斛"。

一、植物特征

茎直立，圆柱形，长9~35厘米，粗2~4毫米，不分枝，具多节，节间长1.3~1.7厘米，常在中部以上互生3~5枚叶；叶二列，纸质，长圆状披针形，长3~4（~7）厘米，宽9~11（~15）毫米，先端钝并且多少钩转，基部下延为抱茎的鞘，边缘和中肋常带淡紫色；叶鞘常具紫斑，老时其上缘与茎松离而张开，并且与节留下1个环状铁青的间隙。总状花序常从落了叶的老茎上部发出，具2~3朵花；花序柄长5~10毫米，基部具2~3枚短鞘；花序轴回折状弯曲，长2~4厘米；花苞片干膜质，浅白色，卵形，长5~7毫米，先端稍钝；花梗和子房长2~2.5厘米；萼片和花瓣黄绿色，近相似，长圆状披针形，长约1.8厘米，宽4~5毫米，先端锐尖，具5条脉；侧萼片基部较宽阔，宽约1厘米；萼囊圆锥形，长约5毫米，末端圆形；唇瓣白色，基部具1个绿色或黄色的胼胝体，卵状披针形，比萼片稍短，中部反折，先端急尖，不裂或不明显3裂，中部以下两侧具紫红色条纹，边缘多少波状；唇盘密布细乳突状的毛，并且在中部以上具1个紫红色斑块；蕊柱黄绿色，长约3毫米，先端两侧各具1个紫点；蕊柱足黄绿色带紫红色条纹，疏生毛；药帽白色，长卵状三角形，长约2.3毫米，顶端近锐尖并且2裂。花期3~6月。（图1）

图1 铁皮石斛植物图

二、资源分布情况

产安徽西南部（大别山）、浙江东部（鄞县、天台、仙居）、福建西部（宁化）、广西西北部（天峨）、四川（地点不详）、云南东南部（石屏、文山、麻栗坡、西畴）。生于海拔达1600米的山地半阴湿的岩石上。

三、生长习性

铁皮石斛喜温暖、阴凉、湿润环境，宜选择年平均气温18~22℃，极端最高气温<30℃，极端最低气温>2℃。无霜期200~300天，年平均降雨量1000~2000毫米，空气相对湿度80%~90%，年日照时数>1600小时，年平均风速<1.5米/秒的气候条件的地区。云南省铁皮石斛种植适宜区域如下。

（1）最适宜区　气候条件好，年均气温在16.0~18.9℃，年均相对湿度在81%以上，陇川、镇康、沧源、勐海、金平、屏边等县可划入最适宜区范围。

（2）适宜区　年均气温>19℃或在16.7~19℃，但年均相对湿度≤80%。温度偏高或相对湿度略低也不利于铁皮石斛的最佳生长。瑞丽、盈江、梁河、潞西、耿马、思茅、景洪、勐腊、绿春、文山、广南等县域可划入适宜区范围。

（3）次适宜区　年均气温14.9~15.1℃或年均相对湿度在75%以下，温、湿度达不到铁皮石斛的高产要求。腾冲、龙陵、云县、泸西等县域可划入次适宜区范围。

四、栽培技术

（一）种植材料

种苗有组培苗、扦插苗和分株苗，其中组培苗需要假植锻炼以后才可以移栽。选择生长健壮，无病虫害，色泽正常，无机械损伤，每株具有3条以上绿白相间的健壮根，每条根长3厘米以上，苗高5.0厘米以上，中间直径0.3厘米以上的种苗。

（二）地理环境

选择海拔400~1700米，坡度<45°的阳坡、半阳坡，通风的山地、丘陵、台地、平缓地等的阳坡、半阳坡，种植地周围无化工厂等污染源。

（三）种植模式

1. 林地栽培

（1）选地　宜选择树木树皮粗糙，树龄>4年，树冠透光度25%~35%，胸径>6厘米的健壮林地，如龙眼、荔枝、芒果、枇杷、柚子、橡胶树、西南桦、漆木、杉木、八角及山苍子林地等。

（2）整地　用铁丝网将种植园围起来，以保证产品安全防盗。园区规划出主道、干道和支道。在林间适宜地段建造水肥池，用固定或半固定管道，沿主道、干道、支道或树林行距布局喷灌系统。在对应的树林，离地高2.5米处沿树林拉铁丝，将喷灌带、喷头均匀布置在其上面。

（3）定植　于春季2～4月，秋季8～10月定植。以春季定植为佳。

以棕绳、麻绳、无纺布、线卡等作固定物；选择苔藓、椰壳、棕皮等作固定基质。在定植前3天用0.1%高锰酸钾或42%多菌灵2000倍液对附主进行喷施杀菌处理。固定基质在定植前1天用42%多菌灵2000倍液和0.5%复合肥（氮：磷：钾=15%：15%：15%）浸泡处理。种苗用0.1%高锰酸钾或42%多菌灵1000倍液浸泡2～3分钟。将消毒处理好的种苗，按3株/丛，在离地70～250厘米的树干及分枝的向阳部位绑种。绑种时，将种苗裸露面根部紧贴在附主的树干或分枝，另一侧根部用少量基质覆盖，种苗自上而下用固定物螺旋式捆绑。丛距7～10厘米，行距12～20厘米。固定时应露出种苗茎基部。（图2）

图2　铁皮石斛的贴树栽培

2. 大棚栽培（图3）

（1）选地　宜选择地势平坦，四周开阔，通风透气性好，水源充裕，交通、电力设施方便的地方。

（2）整地　对种植地进行清理，规划出种植园和生活区。种植园规划出主道、干道、支道和排水沟，四周用遮阳网沿围起来，以保证足够的荫蔽度和产品安全防盗。

（3）大棚设施

①搭荫棚：用荫蔽度70%～85%的遮阳网，竹子、木材或钢管等搭建高3～3.5米，长、宽依地形而定的遮阴棚。连片遮阳网在间隔8米处留一道上下错开的通风口。

②搭床架：用钢材、竹子、木材或空心砖等材料做支架，搭建高60～80厘米，宽100～120厘米，深8～12厘米，床间距40～60厘米，长依据地势而定的种植床。种植床用原木、原木边皮等平整铺垫。

图3 铁皮石斛的大棚栽培

③喷灌设施：在林间适宜地段建造水肥池，用固定或半固定管道，沿主道、干道、支道布局喷灌系统。在对应的种植床架，离地高2～2.5米处沿种植带拉铁丝，将喷灌带、喷头均匀布置在其上面。

④栽培基质：高架苗床附主主要有原木和有机基质，原木附主宜选择树皮粗糙、不易脱落，长2～4米，小头直径10～20厘米的原木，或选择宽10～20厘米、厚5厘米的边材。有机质移栽基质宜选择边皮板、树皮、树皮屑、甘蔗渣、锯木等即保湿又疏松透气的基质，生产上，尽可能选用经济实惠、取材方便或能就地取材的基质。基质选定后，若是树皮需进行过筛、冲洗、杀菌剂浸泡消毒后，用塑料膜覆盖堆捂后方可使用。

（4）定植 于春季2～4月，秋季8～10月定植。以春季定植为佳。

附主在移栽前3天喷0.1%高锰酸钾或42%多菌灵2000倍液杀菌处理。固定基质在移栽前1天用42%多菌灵2000倍液和0.5%复合肥（氮：磷：钾= 15%：15%：15%）浸泡处理。种苗用0.1%高锰酸钾或42%多菌灵1000倍液浸泡2～3分钟。

将消毒好的种苗，以3株/丛，按丛距10～15厘米，行距20厘米，种植在准备好的苗床上，以原木为附主种植时，固定基质选择苔藓、椰壳、棕皮等有机物。根部紧贴木材或木材边皮，裸露面用基质固定。固定时应露出种苗茎基部。以杉木皮、杂木皮、碎木屑、椰壳、山基土和木炭等为附主种植时，先将基质放入大盆内，用水浸湿后将基质捞起铺平于苗床，厚10～15厘米，定植时，将种苗根系展开放置，用基质覆盖根部使之站立，浇足定根水。切忌捂住基部，以防烂芽。

（四）田间管理

1. 浇水

3～4月为抽芽期，每天早晚喷水1次，喷水量以浇透为宜。空气相对湿度65%～75%。露地栽培适时除草。

5～8月为茎生长期，晴天早晚喷水1次，喷水量以表面喷湿为宜。雨季不浇水。空气相对湿度65%～85%。

9～12月为茎膨大期，控制浇水，5～7天浇1次。

2. 施肥

春季（3～4月），用氮：磷：钾=32%：6%：13%的高氮型水溶性叶面肥800～1000倍液，7天喷施1次；30天后，施农家肥3～5克/丛。

进入夏季（5～8月），施农家肥10～15克/丛，施氮：磷：钾＝20%：20%：20%的平衡性控释肥2克/丛；用氮：磷：钾＝20%：20%：20%平衡性水溶性肥800～1000倍液7天喷施1次。

秋季（9～12月），用氮：磷：钾=17%：10%：33%的高钾型水溶性钾肥800～1000倍液，7天喷施1次，10月以后停止施肥。

3. 除草

林地栽培每年进行2～3次除草，清除林间灌木、杂草，保持林间的通风透气。大棚栽培需及时清除棚内外杂草及苗床上面的杂草、病株、黄叶和菌类杂物，清理时，不要伤根、动苗，否则会影响石斛的生长和产量。棚内外使用除草类农药，防止杂草生长。

4. 病虫害防控

石斛的病虫害防控以预防为主，加以综合治理。加强水分、气温、透气性管理，时时督查生产情况，一经发现病虫害症状，立即采取措施处理，在用药时，要对症下药，按照使用方法要求按量使用。每星期用药1次，连续用药2～3次后，观察效果后再进行下一步处理。喷药时间应选择早晨露水干后和下午凉快时进行，不宜在雨天施药，严禁在烈日当空时施药；采收前2个月应停止用药。

（1）软腐病　该病特征是叶基黄点变斑腐烂，有臭味，在大苗上会表现叶面有脱水样或水渍状斑块。

防治方法 降低基质含水量，新苗生长期不要浇当头水，叶面喷水后，及时通风，保持叶基干爽；合理密植、光照、施肥，加强室内通风；发病初期，用农用链霉素1000万单位或医用链霉素100万单位4000倍稀释喷雾防治，7～10天喷1次，连续喷2～3次。

（2）疫病　5～9月，首先在叶片出现黑褐色病斑，呈水渍状，7天内叶片病斑向下扩展、腐烂，随后蔓延至相邻叶片直至茎节，造成根系死亡，引起植株叶片变黄、脱落、枯萎。严重时整个植株似开水烫过，随后叶片皱缩、脱落，不久整个植株枯萎死亡。有的受害部位从叶中段叶缘或先从叶端、叶基开始发病，有的是从新株中心叶的叶背开始发病，还有的植株从茎节或者根系开始发病，易引起根腐、猝倒和茎腐。

防治方法 降低田间湿度，增加光照，保持通风，避开发病高峰期移栽和分株；及时摘除病叶、病残组织并立即带出园区集中烧毁；高温高湿季节，采用80%代森锰锌500倍液或世高颗粒剂，每月喷药1～2次保护；出现少量病斑时，立即喷药防治，采用银发利1000倍液、80%甲霜灵·锰锌500倍液或阿米西达颗粒剂交替使用，连续喷2～3次，间隔5天。

（3）白绢病　发病时，在种植基质表面可见白色绢状菌丝及中心部位形成褐色菜籽样菌核。近地茎部出现黄色至淡褐色的流水病斑，丝状物在根际土壤表面及茎、叶蔓延。后期病斑变褐色至黑褐色，感染部位腐烂变软，植株很快腐烂和死亡。病菌主要破坏植株茎基部，并感染幼叶和根部，使皮层逐渐变成褐色坏死，严重的导致腐烂。苗木受害后，影响水分和养分的吸收，以致生长不良，地上部叶片变小变黄，枝梢节间缩短，严重时枝叶凋萎，当病斑环茎一周后会导致全株枯死。

防治方法 加强检疫，严格控制病苗引入，发现病株立即烧毁；种植时，用2%福尔马林溶液对基质、场地、用具和种苗等进行严格的消毒，以杜绝侵染源，同时用少量3%石灰水浇施基质，调整基质酸碱度；注意环境卫生，清理病源，清除病株、病叶，减少侵染来源；适当通风、合理密植；用医用氯霉素针剂500～1000倍液防治。

（4）锈病　6～10月，叶片受侵染后，形成黄色小斑点，随后在叶背面可见到散生的黄色夏孢子堆，夏孢子散生，排列成圆形的集成圈，夏孢子堆也可联合成大块，且叶背病菌部隆起；叶片正面布满淡黄色病斑。严重时形成大型枯斑，叶片枯死脱落。在叶的下表面或上表面产生许多黄褐色粉状孢子，有时也在茎上出现小的凸起的小疱，内含黄色、橙色、锈色，甚至黑色粉状孢子。通常引起生长衰竭，严重的会由叶片扩散到茎干，导致茎腐、根腐，直至整株死亡。

防治方法 9月以后，保持园区通风透光，保持环境卫生，发现病叶及时剪除；经常检查叶端、叶背，发现病害立即喷药防治，喷药防病时注意喷叶背，可用43%戊唑醇SC、10%苯醚甲环唑和15%三唑酮喷施，每隔7～10天喷1次，连喷2～3次。

（5）蚜虫

防治方法　用黄色的黏板置于园内诱杀或用烟杆水喷雾。

（6）蚧壳虫

防治方法　在若虫孵化盛期的4～5月防治。虫口密度小时，用毛巾或者毛刷除去；虫口密度大时，用阿维菌素或者吡虫啉3000倍液防治，严重时直接清除受害株并销毁。

（7）螨类

防治方法　用1：10重量比例把橘子皮浸泡入水中，24小时后喷雾喷遍所有叶片的叶背；在早春3～4月10～15天喷药防治1次。

（8）蜗牛

防治方法　清洁园区，铲除杂草，排干积水，破坏蜗牛栖息和产卵场地，或早晚人工捉虫；秋季翻耕，使虫体暴露于地面冻死或被天敌啄食，卵被晒裂；夜间用多聚乙醛撒在苗床和空地，3天撒1次，连撒3次诱杀，撒药3天内禁止浇水。

（9）蛞蝓

防治方法　清除石块、杂草和落叶，防止积水；在栖息的场所和经常出没的地方撒生石灰，形成隔离带，阻止蛞蝓向植株爬行；虫口高峰期，早晚捉虫；夜间用多聚乙醛撒在苗床和空地，3天撒1次，连撒3次诱杀，撒药3天内禁止浇水。

（10）蛾类

防治方法　7～8月，用黑光灯或糖醋盆等诱杀成虫；发现有成虫在种植园飞行时，将成虫驱赶或者打死，防止成虫产卵；少量幼虫为害时，在早晚进行人工捕捉；采用1.2%苦参碱·烟碱可溶液剂稀释200倍液喷施，每隔10天喷1次，连用2～3次。

（11）螽斯

防治方法　采用黑光灯或糖醋盆等诱杀成虫；早晚或者阴天捉虫；用吡虫啉3000倍液等进行防治，安全间隔期7天。

五、采收加工

1. 采收

（1）采收时间　茎条最适采收期为12月至翌年4月。采收宜在晴天早上10时以后，茎株表皮无水珠时进行操作。鲜花采收以盛花期为佳。

（2）采收原则　在保留第二年营养茎株的前提下，采取"去大留小"的原则，采收工具要锋利，采收前和采收过程中要用乙醇消毒刀具。

（3）采收方法　待茎尖饱满封顶，无生长点后，采收1年生以上的老茎。离茎基部2～4节茎节，切口成45°斜切采收。鲜花采收，选择花穗开放旺盛的花序，离茎秆2厘米处剪下花穗放置筐内，防治重压损伤。

2. 加工

（1）鲜条加工　采收后及时剔除病株和叶片，称量，基部放齐，按每捆2～3千克捆好。参照铁皮石斛标准检测多糖、水分、农残、重金属等项目，对不符合质量标准的产品及时处理，检测合格后方可验收。

（2）枫斗加工

①整理：将鲜条洗净，去除叶、杂质和病虫害条。

②烘焙：将鲜条置于碳盆上低温烘焙，以除去部分水分及软化，除去残留叶鞘。

③卷曲：将软化好的较长茎条剪成长5～8厘米的短段（短茎条无需切断）趁热用手卷曲，使其呈螺旋形团状，压紧。

④加箍：取韧质纸条或稻草将卷曲的石斛茎箍紧，使其紧密，均匀一致。

⑤干燥：将加箍后的石斛茎置于碳盆上低温干燥，或用烘箱低温干燥，待略干收紧后重新换箍（二次定型），或经数次，直至完全干燥。

⑥去叶鞘：手工方法，将枫斗放于棉布袋中，两人一组各手拎一头，来回拉动，使其叶鞘脱落；或用枫斗抛光机直接去叶鞘。

（3）干条加工　去除杂质、根、叶，于50～60℃的烘箱中烘干至含水量≤12.0%。

（4）直条铁皮枫斗　将铁皮石斛切成3厘米左右的小段，置于烘干机中，保持85℃烘至20～24小时烘干，含水量≤12.0%。

（5）干花加工　去除杂质、花梗、枯花，于50～60℃的烘箱中烘干至含水量≤12.0%。

六、药典标准

1. 药材性状（图4）

（1）铁皮枫斗　本品呈螺旋形或弹簧状，通常为2～6个旋纹，莲拉直后长3.5～8厘米，直径0.2～0.4厘米。表面黄绿色或略带金黄色，有细纵皱纹，节明显，节上有时可见残留的灰白色叶鞘；一端可见茎基部留下的短须根。质坚实，易折断，断面平坦，灰白色至灰绿色，略角质状。气微，味淡，嚼之有黏性。

（2）铁皮石斛　本品呈圆柱形的段，长短不等。

2. 鉴别

表皮细胞1列，扁平，外壁及侧壁稍增厚、微木化，外被黄色角质层，有的外层可见无色的薄壁细胞组成的叶鞘层。基本薄壁组织细胞多角形，大小相似，其间散在多数维管束，略排成5圈，维管率外韧型，外围排列有厚壁的纤维束，有的外侧小型薄壁细胞中含有硅度块。含草酸钙针晶束的黏液细胞多见于近表皮处。

图4　铁皮石斛鲜条

3. 检查

（1）水分　不得超过12.0%。

（2）总灰分　不得超过6.0%。

4. 浸出物

不得少于6.5% 。

七、仓储运输

1. 仓储

药材仓储要求符合NY/T 1056—2006《绿色食品贮藏运输准则》的规定。仓库应具有防虫、防鼠、防鸟的功能；要定期清理、消毒和通风换气，保持洁净卫生；不应与非绿色食品混放；不应和有毒、有害、有异味、易污染物品同库存放；在保管期间如果水分超过14%、包装袋打开、没有及时封口、包装物破碎等，导致石斛吸收空气中的水分，发生返潮、结块、褐变、生虫等现象，必须采取相应的措施。

2. 运输

运输车辆的卫生合格，温度在16～20℃，湿度不高于30%，具备防暑防晒、防雨、防潮、防火等设备，符合装卸要求；进行批量运输时应不与其他有毒、有害、易串味物质混装。

八、药材规格等级

铁皮石斛在《七十六种药材商品规格标准》中未收录，根据《中国常用中药材（下部）》的记载，铁皮石斛药材规格等级如下。

一级：足干，螺旋形紧贴，2～4个旋绕，身幼细结实，全部具有"龙头凤尾"，黄绿色或金黄色，无杂物，无霉坏。

二级：足干，螺旋形稍松不紧贴，2～4个旋绕，身稍粗较结实，其余与一级相同。

三级：足干，螺旋形较松散不紧贴，身粗不甚结实，不具"龙头凤尾"，其余与一级相同。

九、药用食用价值

甘，微寒。归胃、肾经。益胃生津，滋阴清热。用于热病津伤，口干烦渴，胃阴不足，食少干呕，病后虚热不退，阴虚火旺，骨蒸劳热，目暗不明，筋骨痿软。

1. 临床常用

参见石斛。

2. 食疗及保健

（1）铁皮石斛洋参煲草龟汤　具有生津止渴、清热提神、滋补养颜、解酒益胃的功效。汤中西洋参性味甘微苦凉，既能清热生津，又能益气养胃，乃清补之佳品。

（2）铁皮石斛煲乌骨鸡汤　有滋阴润肺、清热生津、解酒护肝的功效。

（3）铁皮石斛牛肉羹　是一款补中益气、滋养脾胃、强健筋骨的药膳。

（4）铁皮石斛老鸽汤　铁皮石斛老鸽汤清而不淡，补而不燥；具有滋阴清热，调理身体功能，增强身体免疫力的功效，四季适用，特别适宜秋冬时节进补食用。

（5）铁皮石斛鸡丝　具有补肝肾，美容颜的功效。适用于肝肾两虚及皮肤枯黄、视物不清等症。

此外，参见石斛。

参考文献

[1]　卢赣鹏. 500味常用中药材的经验鉴别[M]. 北京：中国中医药出版社，1999.

[2]　张治国，俞巧仙，叶智根. 名贵中药–铁皮石斛[M]. 上海：上海科学技术文献出版社，2006.

[3]　赖泳红，王仕玉，萧凤回，等. 中国石斛属植物资源分布的主要生态因子[J]. 中国农学通报，2006，22（2）：397–400.

[4]　萧凤回，郭玉姣，王仕玉，等. 云南主要药用石斛种植区域调查及适宜性初步评价[J]. 云南农业大学学报，2008，23（04）：498–518.

[5]　李泽生，李桂琳，白燕冰，等. 铁皮石斛仿野生栽培技术规程[J]. 中国热带农业. 2017，5（78）：62–67.

[6]　张惠源，王克勤. 中国常用中药材（下）[M]. 北京：科学出版社，1995：785–795.

（中国医学科学院药用植物研究所云南分所　唐德英）

当归（云当归）

dan gui

本品为伞形科当归属植物当归*Angelica sinensis*（Oliv.）Diels的干燥根。

一、植物特征

当归为伞形科多年生草本植物，高0.4～1米。主根圆柱状，分枝，有多数肉质须根，黄白色，有浓郁香气。第一年苗期的主根是肉质性直根系，圆锥形，长20～30厘米，直径0.3～0.5厘米，第二年移栽后，侧根大量发育，形成肥大多分枝的肉质根，全长可达30～50厘米，直径3～5厘米。茎直立，绿白色或带紫色，有纵深沟纹，光滑无毛，分为营养茎和花茎。营养茎存在于营养生长期间，呈莲座状，当茎节分化后，迅速伸出地面形成多节、多分枝的花茎，此时发育由营养生长期转入生殖生长期，早期抽薹的植株侧芽还未大量形成，侧枝较少，主茎占绝对优势。叶三出式二至三回羽状分裂，叶柄长3～11厘米，基部膨大成管状的薄膜质鞘，紫色或绿色，基生叶及茎下部叶轮廓为卵形，长8～18厘米，宽15～20厘米，小叶片3对，下部的1对小叶柄长0.5～1.5厘米，近顶端的1对无柄，末回裂片卵形或卵状披针形，长1～2厘米，宽5～15毫米，2～3浅裂，边缘有缺刻状锯齿，齿端有尖头；叶下表面及边缘被稀疏的乳头状白色细毛；茎上部叶简化成囊状的鞘和羽状分裂的叶片。复伞形花序，花序梗长4～7厘米，密被细柔毛；伞辐9～30；总苞片2，线形，或无；小伞形花序有花13～36；小总苞片2～4，线形；花白色，花柄密被细柔毛；萼齿5，卵形；花瓣长卵形，顶端狭尖，内折；花柱短，花柱基圆锥形。果实为双悬果，椭圆至卵形，平滑无毛，长4～6毫米，宽3～4毫米，背棱线形，隆起，侧棱成宽而薄的翅，与果体等宽或略宽，表面灰黄色或淡棕色，边缘淡紫色，棱槽内有油管1，合生面油管2。花期6～7月，果期7～9月。（图1）

图1 当归植物图

二、资源分布概况

早在1500年前，当归就在岷县、宕昌一带出产，《本草纲目》记载"当归生陇西川谷四阳（今漳县、岷县、渭源、临洮）"，以后一些省、地区相继引种，主要产于甘肃南部与四川边界的岷山山地。甘肃中部当归主要产于定西地区漳县、岷县、渭县以及临洮、陇西等县，其中以岷县种植面积最大，目前种植面积约15万亩，商品习称"岷归"，由于岷归产量高、质量佳，不仅畅销全国，而且在国际市场上享有很高声誉。

从现有记载显示，当归在云南种植可能从明朝开始，已有五百多年的历史，《滇南本草》就有当归的记载，明朝正德年间的《云南通志》中就有"当归出施甸当归山"的记载，并记载建水、武定也有当归出产，其后明朝万历、天启年间的云南地方志也记载鹤庆、大理、曲靖、澄江、楚雄、昆明有产。1910年，云南鹤庆商人又从甘肃引进当归种子，在鹤庆马厂等村试种成功，后逐步扩大到整个滇西北栽培，俗称"云归"。滇西北片区的鹤庆、维西、丽江、兰坪成为云归的道地产区。2002年曲靖地区沾益、富源等地发展种植，至2004年后渐成规模。近年来，滇中的禄劝、东川，滇西怒江也在大力发展当归种植，成为当归的新产区，其种苗主要来自大理、丽江和维西，据相关部门统计，2017年云南省当归种植面积达9.2万亩，是除甘肃外的当归种植大省。云南当归头大、结实、味浓、油性足，挥发油含量高，尤以鹤庆县马厂和剑川县青岩头、白山母所产的归头最为著名，被称为"马厂归"，在香港、南洋一带享有盛誉。

除甘肃、云南外，四川、青海也有小规模种植，湖北、贵州等地商品当归产量较小，其余产地逐渐萎缩甚至消失。例如，湖北省恩施州红土乡石灰窑村所产当归，在20世纪中叶有一定出口规模，商品名为"窑归"，后来受计划经济影响，当归生产停滞了几十年，现仅有几千亩，形不成商品规模。陕西省陇县、镇坪县等地，20世纪90年代因早期抽薹率高，现种植面积少。目前市场上销售的当归商品主要为"岷归"或"云归"。

三、生长习性

当归为多年生草本，但药材栽培一般为两年，第一、二年为营养生长阶段，形成肉质根可以进行采收；第三年抽薹开花，完成生殖生长。当归从播种育苗到开花结籽，全生育期可分为幼苗期、第一次返青、叶根生长期、第二次返青、抽薹开花期及种子成熟期五个阶段，历时600～700天。当归在个体发育过程中，由于同化的外界环境条件特别是温度等气象条件不同，在成药期，有的当归植株生长到六、七月间就出现提前一年抽薹的返常现象，从而改变了它们的正常物候期。当归抽薹开花后，根木质化严重，不能入药。所以当归移栽期（成药期）一般抽薹率不能超过20%，否则会严重影响当归的产量和质量。

当归属于低温长日照发育类型，适宜生长在高寒阴湿地区。在长日照环境下种植，生长迅速，但易提前抽薹，40%～50%的自然光照强度，有利于防治当归提前抽薹。当归对温度的要求较高，喜凉爽阴湿气候，怕干旱、高温酷热和梅雨积水，能耐受−25℃低温，具有3个真叶的当归幼苗，能安全越冬。高温会影响植株的正常生长发育，增加抽薹率。当归的抗旱性和抗涝性都弱，湿度对当归生长的影响很大。一般土壤含水量保持在20%～25%，空气湿度为70%左右有利于当归生长。种植当归的时候，应该尽量选择微酸性或者中性的土壤，确保土壤疏松和肥沃，能够很好地排水，有机质丰富的腐殖土以及砂壤土。轮作期为2～3年，忌连作。

四、栽培技术

（一）种植材料

选用无病害感染、无机械损伤、侧根少、表皮光滑、直径3～5毫米的优质当归种苗，参照云南省质监局发布的DB53/T 733—2015云当归种子和种苗质量标准，选用一级当归种苗。种苗来源于专业合作社当归种苗繁育基地或者育苗种子来源清楚的育苗大户。

（二）选地与整地

1. 选地

选择丘陵坡地或地势较高的平地，以生荒地或与禾本科作物轮作3年以上的地为宜，土壤应为土层深厚、肥沃、疏松、排水良好的砂质壤土或腐殖质壤土，pH值中性偏微酸性。

2. 整地

前作物收获后，将土壤翻耕25～30厘米；约20天后，再耕翻20厘米以上，清除田间杂草、石块等杂物，并亩施腐熟过的农家肥或堆肥2000千克，耙细、耙匀。栽种前，每亩羊粪20千克或普钙50千克，配合施用三元复合肥15～20千克，撒入土中作种肥。作厢，厢宽70～90厘米，厢长依据地块而定，一般不超过10米。坡地顺坡开厢，沟深25厘米左右，平地沟深25厘米以上，厢面呈龟背状，四周开好排水沟。

图2 松毛覆盖

（三）播种

每年7～9月播种，每亩播种量7～8千克，将40%多菌灵配成600倍液，将种子浸入药液中浸泡30分钟后，晾干种子表面水分，即可播种。将施足底肥并整理好的地按宽1.2米、高15～20厘米做墒，长依地形而定，先用锄头将育苗地浅挖一遍，用铁耙整平畦面后，用木耙将苗床刮平，将处理好的种子用手均匀撒于畦面上，用圆头铁锹将走道内细土铲出倒入铁筛，筛在畦面上，厚度以刚好覆盖严种子为宜。播种结束后，需盖松毛或稻草保湿遮光，以利于种子萌发出苗。（图2）

为了缩短育苗时间，可采用小拱棚育苗。育苗时间在当年12月至次年1月，拱高在50厘米左右，盖膜前一定要浇透水，棚外加盖遮阳网，遮阳网密度为50%，当棚内温度高于25℃时，要及时通风。

（四）苗期管理

1. 中耕除草

一般播后10～15天出苗。当种子待出苗时，应细心将盖草挑虚，并拔除露出来的杂草。再过一个月，将盖草揭去。最好选阴天或预报当天有雨时揭草。之后拔2次草，间去过密的弱苗。除草时要避免带出或伤及当归幼苗。（图3）

2. 苗期追肥

一般为了降低早期抽薹率，在苗期无需追肥。若苗生长到后期肥力不足，追肥以速效

图3　揭去盖草的苗床

氮肥为好，每亩可用尿素5千克和磷酸二氢钾50克，在下雨前进行撒施。

3. 种苗过冬管理

到11月底，待地上部分枯黄后，覆盖腐熟农家肥1000～1500千克，羊粪100千克，起沟土覆盖细土2厘米左右保墒。

4. 种苗保存

10～11月，当苗的叶片刚刚变黄、气温降到5℃左右时，即可起挖种苗。在挖苗过程中将不合格的过小苗、过大苗、侧根过多的苗、病苗、虫伤及机械伤苗除去。将挖出的苗抖掉一部分泥土，去掉残叶，捆成直径5～6厘米的小把（每把约100株），在阴凉、通风、干燥处晾干水气，大约一周后，根组织含水量达到60%～65%时，放室内堆藏或窖藏。

（五）大田移栽

移栽时间结合当地雨季，一般在4～5月份。起垄移栽，垄面宽80～100厘米，每垄

2～3行，行距30厘米，穴距25厘米。垄与垄之间留30厘米沟，每穴栽苗2株，株与株相隔2厘米，将苗分开直放穴内，填土、压实、覆土3～5厘米。

1. 查窝补苗

当归栽植后到出苗，需20天左右，80%当归苗出苗后，及时检查有无损伤苗、缺窝、枯萎和死苗等情况。若缺窝率达到10%时，应及时补苗。

2. 中耕除草

5～6月苗齐后，拔除垄面上当归苗旁边杂草，用锄头对垄沟进行中耕，打破土壤表皮，使刚出苗的杂草死亡。6～7月，当归苗长到10～15厘米时，可锄第二遍草，拔除垄面上当归苗穴旁边长出的杂草，用锄头对垄沟进行深锄，将挖出的杂草捡出田间，防止杂草腐烂，造成病害，防止害虫产卵危害药材。当归苗长到30厘米时，可锄第三遍草，宜浅锄、细锄。以后视杂草生长情况及时拔除。

3. 定苗及拔除抽薹株

结合第二次、第三次中耕除草，拔除或用剪刀剪除抽薹株，第三次除草时定苗，每穴保苗1株。

4. 追肥

结合中耕除草，对基肥施用不足的地块进行追肥，一般在根膨大前期每亩用磷酸二氢钾0.5千克兑水45千克叶面喷施或者结合灌根防病，将肥料溶化在药液内，在根际进行追肥。

5. 种子收集

选无病植株或田块，当年秋不挖，翌年出苗后进行正常田间管理，抽薹后30～40天，即8月中旬前后种子由红转为粉白色时采种。由于种子成熟不一致，可分批采收。采收时连同果梗一起收下，捆成小把，放阴凉处晾干脱粒，置通风干燥处保管。避免受热受潮。种子的成熟度，应掌控在成熟前种子呈粉白色时采收。

（六）病虫害防治

采用"以防为主，防治结合"的农业综合防治措施。为达到中药材"安全、经济、有效、稳定"的要求，根据我国中药材规范化生产技术规程要求，中药材生产过程中农药使用按A级《绿色食品农药使用准则》执行。当归生产田必须轮作3年以上，伏耕晒垡30天以上，以消灭部分病原菌和虫卵，在耕作作业中尽可能人工清除地下害虫和杂草。使用有机肥料必须腐熟，不含病原体微生物、虫、卵及草籽，及时清除带病当归残体，选好当归苗床，进行消毒，加强苗床管理，培育壮苗，提高抗病能力。（图4）

1. 腐烂茎线虫（麻口）病和病腐病

防治方法　油菜等作物实行轮换，切勿与危害、蚕豆、苜蓿及红豆草等植物轮作；使用充分腐熟的鸡粪等有机肥；收获后，彻底清除腐烂根等病残体和杂草，减少初侵染源。育苗地及大田栽植前用50%利克菌1.3千克/亩或20%乙酸铜可湿性粉剂200～300克/亩，加细土30千克，拌匀后散于地面，翻入土中，或用3%辛硫磷颗粒剂按3千克/亩拌细土混匀，栽植时撒于栽植穴可兼防当归麻口病和根腐病。发病后用70%甲霜灵或50%多菌灵600倍液灌根，每穴浇灌50～100毫升，连续2～3次。

2. 褐斑病

防治方法　发病初期喷施70%安泰生可湿性粉剂200倍液、70%甲基硫菌灵可湿性粉剂600倍液和10%苯醚甲环唑水分散颗粒剂600倍液，防效均可达71%以上，并且具有较好的增产作用。一般7～10天喷施1次，连续喷2～3次，交替使用药剂。

3. 白粉病

防治方法　发病初期选用50%甲基硫菌灵·硫黄悬浮剂800倍液、20%三唑酮乳油2000倍液、12.5%烯唑醇可湿性粉剂2500倍液及25%腈菌唑乳油2500倍液喷施。

4. 灰霉病

防治方法　发病初期喷施25%咪酰胺乳油1000～2000倍液、40%嘧霉胺可湿性粉剂1200倍液、50%异菌脲可湿性粉剂1200倍液、50%咪鲜胺锰络合物可湿性粉剂1000～1500倍液、28%百·霉威可湿性粉剂600倍液及65%硫菌·霉威可湿性粉剂1000倍液。

5. 炭疽病

防治方法　发病初期喷施70%甲基硫菌灵可湿性粉剂800倍液、50%多菌灵可湿性粉剂600倍液、10%苯醚甲环唑可湿性粉剂1000倍液及40%氟硅唑乳油8000倍液。

麻口病糠腐状

根腐病

根腐病后期

根蚜

地老虎

图4 当归的病虫害

6. 菌核病

（防治方法） 发病初期喷施40%菌核净可湿性粉剂1500～2000倍液、50%腐霉利可湿性粉剂1000～1200倍液、40%嘧霉胺悬浮剂1000倍液加40%菌核净可湿性粉剂1500倍液。

7. 地下害虫

（防治方法） 金龟子（白土蚕）、蝼蛄、地老虎、金针虫等可用黑光灯、带毒鲜马粪及炒香的麦麸毒饵进行诱杀；地老虎喜好酸甜味并有趋黑光性，用黑光灯、性诱剂、糖醋酒液毒饵诱杀成虫，用于毒饵的药剂有80%敌百虫可溶性粉剂、50%辛硫磷乳油。田中每亩可用3%辛硫磷颗粒剂10千克混细土撒施于药材植株旁。

8. 蚜虫

4月当归发芽后开始危害，5月盛发，主要危害嫩茎叶、花序，使叶片皱缩，植株矮小，还能传播病毒病。

（防治方法） 整地时清除田间地边杂草和蚜虫的转株寄主，集中烧毁。发生期可用20%吡虫啉2000倍液，或3%啶虫脒1500倍液，或0.3%苦参碱杀虫剂500倍液，每7天喷一次，连续喷2～3次。

四、采收加工

1. 采收

（1）采收期 当归在栽种后当年10月下旬至11月上旬均可采收，其最佳采收期为11月上旬，叶片开始变黄枯萎时采挖，采收应在晴天或多云天气情况下进行。

（2）田间清理 在当归采挖的前5～7天，割去地上茎叶，并将茎叶集中堆放和处理。在当归采挖的前一天，除去地面地膜、田间杂草及其他异物，并将杂草及杂物分类堆放，分类处理。

（3）采挖 从田块的一边起，用四齿钉专用工具在当归后侧深挖30厘米，使带土的当归植株全部露出土面，然后轻轻抖去泥土，不得伤到当归根系，保证根系全数挖出，个体完好无缺。

（4）分选及清洗 当归挖出后，在抖去大部分泥土后，根部仍带有少量泥土，再晾晒2～3小时后，用木条（长30厘米左右、宽10厘米左右、厚5厘米左右）在当归头部轻轻敲打数次，抖去夹带的泥土、碎石等杂质，理顺根条，5～10株一堆，就地晾晒，并拣出腐烂植株及菜头，如果水源充足应用清水进行清洗，及时晾干表面水分。

（5）干燥　将装好当归的包装袋或者筐运往晾晒、熏制等加工条件符合要求的加工户家中或者合作社仓库堆码，使其自然失水。待天晴时，在院内蓬布上或篱笆上摊开晾晒，根条失水后，再次用木条敲打，抖净泥土，理顺根条，进行初加工。

2．加工

将采收新鲜当归按需要加工的规格等级分别进行放置，加工成全归、当归头、归身、归尾、当归片。

（1）当归（全当归）

①晾晒：将运回的当归选择通风处及时摊开晾晒至侧根失水变软，残留叶柄干缩。

②扎把：将晾晒好的当归理顺根，切除残留叶柄，以每把鲜重约0.5千克左右扎成小把。

③烘烤：将扎成小把的当归架于棚顶上，或装入长方形竹筐内，然后将竹筐整齐摆在棚架上。先以湿木材火烘烟熏上色，再以文火熏干，经过翻棚，使色泽均匀，全部干度达70%～80%时，停火。

（2）当归头　将当归剔除侧根，即根头部分干燥，用撞擦方法撞去表面浮皮，露出粉白肉色为度。加工不能阴干或日晒。阴干质轻，皮肉发青，日晒易干枯如柴，皮色变红走油。也不宜直接用煤火熏，否则色泽发黑影响质量。烘烤时室内温度控制在30～70℃为宜。

（3）归身　根部中间主干部分，加工方法同当归头。

（4）归尾　当归支根，晒干或低温烘干。

（5）当归片　按功效和部位切片，分为归头片、当归身片、当归尾片、全归片。一般为纵切，或者横切下后入方剂。

五、药典标准

1．药材性状

本品略呈圆柱形，下部有支根3～5条或更多，长15～25厘米。表面浅棕色至棕褐色，具纵皱纹和横长皮孔样突起。根头（归头）直径1.5～4厘米，具环纹，上端圆钝，或具数个明显突出的根茎痕，有紫色或黄绿色的茎和叶鞘的残基；主根（归身）表面凹凸不平；

支根（归尾）直径0.3～1厘米，上粗下细，多扭曲，有少数须根痕。质柔韧，断面黄白色或淡黄棕色，皮部厚，有裂隙和多数棕色点状分泌腔，木部色较淡，形成层环黄棕色。有浓郁的香气，味甘、辛、微苦。

柴性大、干枯无油或断面呈绿褐色者不可供药用。

2. 鉴别

（1）横切面　木栓层为数列细胞。栓内层窄，有少数油室。韧皮部宽广，多裂隙，油室和油管类圆形，直径25～160微米，外侧较大，向内渐小，周围分泌细胞6～9个。形成层成环。木质部射线宽3～5列细胞；导管单个散在或2～3个相聚，呈放射线排列；薄壁细胞含淀粉粒。

（2）粉末特征　淡黄棕色。韧皮薄壁细胞纺锤形，壁略厚，表面有极微细的斜向交错纹理，有时可见菲薄的横隔。梯纹导管和网纹导管多见，直径约至80微米。有时可见油室碎片。

3. 检查

（1）水分　不得过15.0%。

（2）总灰分　不得过7.0%。

（3）酸不溶性灰分　不得过2.0%。

（4）重金属及有害元素　铅不得过5毫克/千克；镉不得过1毫克/千克；砷不得过2毫克/千克；汞不得过0.2毫克/千克；铜不得过20毫克/千克。

4. 浸出物

不得少于45.0%。

六、药材规格等级

目前，我国当归主要产地集中于甘肃定西、陇南地区，云南大理、丽江、维西、曲靖地区；四川阿坝地区及青海海东地区等也有一定规模栽培。当归药材几乎全部依靠栽培生产提供。各产地生产条件以及加工方式差异，造成当归的规格等级有很大差别。（图5）

国家药材商品规格标准中将当归分为全归、归头二类。其商品规格等级划分见表1、表2。

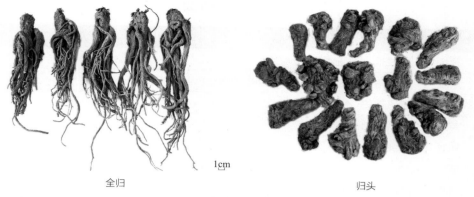

全归　　　　　　　　　　　　　　　归头

图5　当归商品

表1　全归商品规格等级划分表

项目	特等	一等	二等	三等	等外
形状	上部主根圆柱形，或具数个明显突出的根茎痕，下部有多条支根，根梢不细于0.3厘米				主根或支根，无须根
表面	表面棕黄色或黄褐色				
皮孔	皮孔散在，不明显或无				
纵皱纹	有				
芦头	圆钝或有明显突出的根茎痕				根茎痕有或无
质地	质地柔韧				
断面	断面黄白色或淡黄色，具油性，韧皮部有多数棕色点状分泌腔，木质部有浅棕色环				
气味	有浓郁的香气，味甘、辛、微苦				
支数/千克	≤15	15<n≤40	40<n≤70	70<n≤110	>110
单支重/克	≥66.7	25.0<W≤66.7	14.3<W≤25.0	9.1<W≤14.3	<9.1
杂质	无				
虫蛀、霉变	无				
泛油支条	无				
麻口病斑	无				

表2 归头商品规格等级划分表

项目	特等	一等	二等
形状	纯主根，长圆形或拳状		
表面	表面棕黄色或黄褐色，或撞去粗皮，微露白色至全白色		
皮孔	皮孔散在，不明显或无		
芦头	圆钝或有明显突出的根茎痕		
质地	质地稍硬		
断面	断面黄白色或淡黄色，具油性，韧皮部有多数棕色点状分泌腔，木质部有浅棕色环		
气味	有浓郁的香气，味甘、辛、微苦		
支数/千克	≤20	20<n≤40	80≤n<40
单支重/克	≥50.0	25.0<W≤50.0	12.5<W≤25.0
杂质	无		
虫蛀、霉变	无		
泛油	无		
麻口病斑	无		

七、仓储运输

1. 包装

将检验合格的产品堆垛存放，或选择无公害的包材，按不同商品规格分级后包装。塑料袋或麻袋、纤维袋装，纸箱包装（25千克以上），要求包装完整无破损或污染。包装应有批包装记录，内容包括品名（药材名）、批号、规格、等级、产地、生产日期等信息。

2. 仓储

初加工后的产品，及时贮存在清洁、干燥、通风、无异味的专用仓库中。仓库应具有通风除湿设备等条件，货架与墙壁的距离不得少于1米，离地面距离不得少于5米。专人管理，防潮、防霉变、防虫蛀，贮藏时间为12个月。

当归加工产品贮存在清洁卫生、阴凉干燥（温度不超过20℃、相对湿度不高于65%）、通风、防潮、防虫蛀、无异味的库房中，定期检查当归的贮存情况。仓库应通风、干燥、避光，必要时安装空调及除湿设备，并具有防鼠、虫、禽畜的措施。地面应整洁、无缝隙、易清洁。药材应存放在货架上，与墙壁保持足够距离，防止虫蛀、霉变、腐烂、泛油等发生，并定期检查。

3. 运输

运输工具应清洁、干燥、无异味、无污染。运输中应做好防雨、防晒、防潮、防污染等措施。

运输过程要做好密封、防水、防鼠等工作，避免外源污染和变质。

八、药用食用价值

当归甘、辛，温；归肝、心、脾经。有补血活血，调经止痛，润肠通便的功能。用于治疗血虚萎黄，眩晕心悸，月经不调，经闭痛经，虚寒腹痛，肠燥便秘，风湿痹痛，跌扑损伤，痈疽疮疡。酒当归活血通经。当归是医药学的珍宝，在中成药处方中广泛使用，有"十方九归"之说，临床应用十分广泛。

（一）临床常用

1. 调经止痛

当归既能补血活血，又善止痛。用于月经不调、经闭、痛经等症，不论是血虚或是血瘀均为实用。临床上当归常与熟地黄、川芎、白芍等配伍。气滞血瘀时与香附、红花、桃仁等行气祛瘀药同用。偏寒时则配肉桂、艾叶等温经之品。偏热时，配丹参、赤芍、地骨皮等清热凉血之味；瘀血内停之癥积，可与三棱、莪术等破血逐瘀药同用。与生地黄、白芍、艾叶炭、阿胶珠同用，治疗月经过多、崩漏等证。总之，当归善补血活血，调理冲、任、带三脉，为"妇科良药"。

2. 血虚诸证

当归为良好的补血药，凡由血虚引起的面色萎黄、头晕、目眩、心悸、健忘、肢麻乏力等证，均可用当归为主药，或配熟地黄、白芍、阿胶等药，则补血之力益彰。兼气虚者，可与党参、黄芪、白术、甘草等补气药相伍，有补气血之效。

3. 血瘀寒凝诸证

当归补血活血，善止血虚血瘀之痛，且有散寒之功。用于虚寒腹痛、瘀血作痛、跌打损伤、痹痛麻木等。如血痢腹痛与大黄、黄芩、白芍、木香之类同用。若久痢伤阴，湿热稽留，下痢赤白，里急后重，脐腹疼痛，可配黄连、干姜、阿胶有寒热并调，化湿坚阴之效。跌打损伤可配大黄、桃仁、红花等活血汤。风湿痹痛或肌肤麻木，配桂枝、桑枝、路路通、丝瓜络、鸡血藤等，均有良好的疗效。

4. 血虚肠燥便秘诸证

当归富油性，味甘而质润，能养血滋燥润肠。如老年人体弱，血虚肠燥之便秘，多配何首乌、肉苁蓉、火麻仁等润肠药。治疗阴虚血燥，大便秘结而兼瘀滞者，亦当归湿润养血、润肠通便之功。

5. 痈疽疮疡诸证

当归补血活血，能起到消肿止痛、排脓生肌之功。外科常用药，痈肿疮疡初起，可与金银花、赤芍、甘草、炮山甲等清热解毒溃坚药同用，既能活血消肿止痛，又利于肿疡之消散，如活命饮。对痈疡脓成而不溃，或溃而脓少，出而不畅，可配黄芪、熟地黄、肉桂等药，益气补血，托毒排脓。

（二）当归常用制剂

1. 四物汤（《太平惠民和剂局方》）

当归10克、熟地黄12克、白芍12克、川芎8克；调益营卫，滋养气血。主治冲任虚损，月水不调，脐腹疼痛，崩中漏下，血瘕块硬，发歇疼痛，妊娠宿冷，调理失宜，胎动不安，血下不止，及产后乘虚，风寒内搏，恶露不下，结生瘕聚，少腹坚痛，时作寒热。

2. 当归补血汤（《内外伤辨感论》）

黄芪30克、当归6克；补气生血。主治劳倦内伤，气弱血虚，阳浮外越。肌热面赤，烦渴欲饮，脉洪大而虚，以及妇人行经、产后血虚发热头痛，或疮疡溃后，久不愈合者。

3. 当归四逆汤（《伤寒论》）

当归9克、白芍9克、细辛9克、桂枝9克、通草6克、甘草6克、大枣25枚；温通血脉，养血散寒。主治厥阴伤寒，四肢厥冷，脉细欲绝。

4. 当归生姜羊肉汤（《金匮要略》）

当归30克、生姜30克、羊肉500克；温中补虚，祛寒止痛。主治产后腹中疼痛，并腹中寒疝，虚劳不足。

5. 当归芍药散（《金匮要略》）

当归8克、芍药40克、茯苓12克、川芎8克、白术10克、泽泻20克；健脾利湿，养血益脾。主治妇人怀妊，腹中疗痛。

6. 当归贝母苦参丸（《金匮要略》）

当归、贝母、苦参各60克，三味研为细末，炼蜜丸如小豆大，每服3丸。主治妊娠小便难，饮食如故。

7. 生化汤（《傅青主女科》）

当归24克、川芎9克、桃仁6克、炮姜2克、炙甘草2克；活血化瘀，温经止痛。主治产后恶露不行，小腹冷痛。

8. 当归丸（《太平惠民和剂局方》）

白芍60克、肉桂60克、阿胶（捣碎，炒）120克、当归（去声，微炒）120克、干姜（炮）120克、甘草（炙微赤）120克、续断120克、川芎120克、白芷90克、附子（炮，去皮、脐）90克、白术90克、生熟地黄300克、真蒲黄（炒）27克、吴茱萸（汤洗七次，焙干、微炒）90克。主治产后虚羸，面色无华，脐腹拘急，痛引腰背，嗜卧不眠，唇口干燥，心忡烦倦，头重目眩，不思饮食等。

9. 胶艾汤（《金匮要略》）

川芎6克、甘草5克、阿胶9克、当归9克、芍药13克、艾叶9克，生地黄20克；养血止血，调经安胎。主治妇人冲任虚损，崩漏下血，月经过多，淋漓不止；产后或流产损伤冲任，下血不绝；或妊娠胞阻，腹中疼痛。

10. 柏子养心丸（《体仁汇编》）

柏子仁120克、枸杞子90克，麦门冬30克、当归30克、石菖蒲30克、茯神30克，玄参60克、熟地黄60克，甘草15克；补气养血，安神益智。主治心气不足，精神恍惚，怔忡惊悸，失眠健忘。

（三）食疗及保健

我国人民认识使用当归具有悠久的历史，应用范围很广泛。人们使用当归非常普遍，在配伍治疗疾病的同时，牛、猪、羊肉汤锅中也经常能见到当归的影子，运用得当，既能起到药食同补作用，口感也较鲜美。

当归被称为"血家圣药""美容珍品""妇人面药"，其美容功效也是得到验证的，当归具有抗衰老和美容功效作用，现代科学研究发现，当归含有大量的挥发油、维生素、有机酸等多种有机成分及微量元素，对皮肤、妇女美容保健、改善头发等方面均有独到的功效。

参考文献

[1]　南京中医药大学. 中药大辞典[M]. 下册. 上海：上海科学技术出版社，2006：1207.

[2]　赵锐明，陈垣，郭凤霞，等. 甘肃岷县野生当归资源分布特点及其与栽培当归生长特性的比较研究[J]. 草业学报，2014：23（2）：29–37.

[3]　顾志荣. 当归多指标质量评价方法及其与土壤、海拔、经纬度和矿质元素的相关性研究[D]. 兰州：甘肃中医学院，2015.

[4]　邓济承. 当归直播栽培和矿质肥对移栽当归产量及品质的影响[D]. 兰州：甘肃农业大学，2014.

[5]　钱怡云. 采收加工贮藏方法对当归药材质量的影响及其定量分析模式研究[D]. 兰州：甘肃中医学院，2014.

[6]　徐国钧. 中国药材学[M]. 北京：中国医药科技出版社，1996.

[7]　金世元. 中药材传统经验鉴别[M]. 北京：军事医学科学出版社，2010.

[8]　张贵君. 现代中药材商品通鉴[M]. 北京：中国中医药出版社. 2001.

[9]　陈德慧. 当归芍药散治疗妇科病的现代临床应用文献研究[D]. 北京：北京中医药大学，2010.

[10]　葛月兰. 当归资源化学评价与质量标准研究[D]. 南京：南京中医药大学，2009.

（云南省农业科学院药用植物研究所　杨美权）

续断

本品为川续断科植物川续断*Dipsacus asprr* Wall. ex Henry的干燥根。

一、植物特征

续断是多年生草本植物，高达2米；主根1条或在根茎上生出数条，圆柱形，黄褐色，稍肉质；茎中空，具6～8条棱，棱上疏生下弯粗短的硬刺。基生叶稀疏丛生，叶片琴状羽裂，长15～25厘米，宽5～20厘米，顶端裂片大，卵形，长达15厘米，宽9厘米，两侧裂片3～4对，侧裂片一般为倒卵形或匙形，叶面被白色刺毛或乳头状刺毛，背面沿脉密被刺毛；叶柄长可达25厘米；茎生叶在茎之中下部为羽状深裂，中裂片披针形，长11厘米，宽5厘米，先端渐尖，边缘具疏粗锯齿，侧裂片2～4对，披针形或长圆形，基生叶和下部的茎生叶具长柄，向上叶柄渐短，上部叶披针形，不裂或基部3裂。头状花序球形，径2～3厘米，总花梗长达55厘米；总苞片5～7枚，叶状，披针形或线形，被硬毛；小苞片倒卵形，长0.7～1.1厘米，先端稍平截，被短柔毛，具长0.3～0.4厘米的喙尖，喙尖两侧密生刺毛或稀疏刺毛，稀被短毛；小总苞四棱倒卵柱状，每个侧面具两条纵沟；花萼四棱、皿状、长约0.1厘米、不裂或4浅裂至深裂，外面被短毛；花冠淡黄色或白色，花冠管长0.9～1.1厘米，基部狭缩成细管，顶端4裂，1裂片稍大，外面被短柔毛；雄蕊4，着生于花冠管上，明显超出花冠，花丝扁平，花药椭圆形，紫色；子房下位，花柱通常短于雄蕊，柱头短棒状。瘦果长倒卵柱状，包藏于小总苞内，长约0.4厘米，仅顶端外露于小总苞外。花期7～9月，果期9～11月。（图1）

二、资源分布概况

续断绝大多数生长在山坡、草丛、荒地，土壤较湿处或溪沟旁、阳坡草地也有生长，特别在山坡、比较荒芜的路边、田野草地中都可以见大面积分布。续断野生资源分布十分广泛，几乎全国范围内都有分布，主要分布于重庆、四川、湖北、湖南、云南、贵州、江西、河南、甘肃、西藏等省市，广东、广西、陕西南部、青海东部等也有分布。续断药材

图1　川续断植物图

的主产地为四川省的凉山州西昌市、盐源县、会理；攀枝花市盐边、米易；湖北省的五峰、鹤峰、长阳、巴东、宜都、利川、咸丰、兴山；重庆市的涪陵、奉节、巫山、巫溪；贵州省息烽、大方、织金、泥潭、贵阳；云南省永胜、鹤庆。以川、鄂为道地产区，近年来云南商品产量居其他地区之首。主产于昆明、安宁、嵩明、楚雄、江川、会泽、东川、盐津、大理、漾濞、禄劝、景东、蒙自、屏边、砚山、麻栗坡、双柏、永德、云县、泸水、维西、鹤庆、凤庆、丽江、中甸、德钦、贡山等地。

三、生长习性

续断为多年生草本植物，较喜凉爽、湿润的环境，耐寒忌高温，在云南生于海拔1600～3600米的沟边、山坡草丛、林缘和田野路旁。最适宜海拔为2000～2500米。低海拔的闷热地区种植，气候温和，早期生长正常，地上部分生长旺盛，但到收获季茎叶易萎蔫，停止生长，根系发育不良，根茎产量低。

春播续断当年不抽薹开花，秋冬季枝叶枯黄，翌年春抽生新叶。花期7～9月，果期9～11月。秋播续断越冬后幼苗翌年继续营养生长，不抽薹开花，第三年开花结实。秋季或春季分株繁殖翌年或当年便可开花结实。

四、栽培技术

（一）种植材料

生产以有性繁殖为主，种子繁殖有直播和育苗移栽两种方式，灌溉条件较好的地方一般以直播种植为主，坡地以育苗移栽的方式种植。直播成本低，主根不易分叉，产品质量好，但对土地和灌溉的要求较高。育苗移栽种植的续断主根分叉较多，但可以充分利用价值较低的坡地和山地。

续断种子有休眠特性，播种前需要对种子进行处理，即播种前将种子用40～55℃温水浸泡10小时，捞出摊于盆内或放在纱布袋中，置温暖处催芽。每天浇水1～2次，芽萌动时即可播种。（图2）

图2　川续断种子

（二）选地与整地

1. 选地

选择生态环境良好，土层深厚、排水良好的疏松砂壤土田块进行种植，育苗地应选择有灌溉条件的平地，大田移栽地可以选用半阴半阳的缓坡山地种植，减少土地成本。

2. 整地

视土壤潮湿情况，整地前2～3天对地块进行灌溉，保证土壤湿度，确保出苗。亩施农家肥200千克及复合肥50千克，均匀撒施于地块内作基肥，施肥后将地整平耙细，耕作深度不少于25厘米。拉线作畦，保持畦面平整、细碎，顺坡做成宽1米、高20厘米的高畦，留40厘米宽的作业道。厢面呈龟背型，四周开排水沟。

（三）播种

可春播、夏播或秋播，因地制宜。一般以春播为主，适宜地势较高、较寒冷的地区，在3～4月上旬播种；地势较低暖和地区，宜选用秋播，采种后即行播种，在11月播种。干旱地区又无灌溉条件的可采用夏播，即雨水来临时播种。播种前厢面浇透水，种子与过筛的细土按1：3的比例混合，均匀播下种子。播种方式可穴播或条播。穴播按行距30～40厘米开穴，株距17～20厘米，穴深7～10厘米，每穴播种10粒左右；条播以行距25～30厘米开沟，沟深3厘米、宽7～8厘米，将种子均匀撒入沟内。播种后，先浇人畜粪尿，再覆1～2厘米薄土。亦可在土上盖1～2厘米松毛，以保水。播种20天后逐步出苗，要及时拔除杂草，并保持土壤湿度在60%以上。（图3）

图3　播种

（四）田间管理

1. 间苗定苗

大田直播苗高5厘米时，可间苗，每穴留苗2株；当苗高10厘米时进行定苗，每穴留苗

1株；条播的，可按株行距30厘米×50厘米进行定苗。拔出的苗可用于补缺或另行栽种。育苗移栽的田块，在移栽15天后，发现缺苗死苗及时补栽，以保证每亩苗数。

2. 中耕除草

除草主要在幼苗期进行，根据实际情况而定。第1次中耕除草结合间苗进行，宜浅锄，勿伤根及叶片，一般进行3～4次，中耕除草在4月、8月、11月、12月各进行1次。以后每年除草1次即可。每年植株封行后不需除草。

3. 肥水管理

直播续断出苗90天以后，结合除草施尿素225千克/公顷或用0.5%的云大120喷施叶面，也可用稀薄人畜粪水催苗1～2次，每15天一次。育苗移栽的续断移栽20天后苗返青，此时可追施尿素300千克/公顷左右，所施尿素离苗5厘米左右。结合中耕除草进行追肥，每次每亩施人畜粪水800～1000千克，并适当增施磷钾肥。冬肥以施腐熟农家肥为主，每亩用量2000千克，沟施或扒土穴施，施后覆土。第二年开始萌芽生长时，有灌水条件的地方灌水1次，施750千克/公顷左右磷肥。如遇长期干旱，地面干燥，应及时灌溉。雨后，地面积水，应及时开沟排水，以防地面积水引起根系腐烂或病虫害发生。

4. 去顶、除花

种植1年以上的续断到了6月份开始抽薹，7月份开始开花，除留种用的植株外，抽出的花蕾应及时摘除，以免耗费养分，影响根的生长；对生长特别旺盛的植株，也可视苗情酌情打顶；叶片太旺盛的植株也可以割除部分叶片。

（五）病虫害防治

1. 根腐病

防治方法 整地时用50%的多菌灵进行土壤消毒，用量为10～15千克/公顷。发病初期用甲霜灵锰锌3千克/公顷兑水750千克/公顷喷淋；另外也可在发病初期用50%甲基托布津1000倍液喷淋。续断苗期及时防治地下害虫和线虫的为害，减少病原入侵，可用40%辛硫磷2000倍液或90%晶体敌百虫1000倍加百菌清1000倍浇株，每隔10～15天浇1次，连续2～3次。

2. 叶斑病

防治方法 重病田发病期，选用70%甲基硫菌灵可湿性粉剂800～1000倍液或50%多菌灵可湿性粉剂600～800倍液、5%苯菌灵乳油800倍液、75%百菌清可湿性粉剂500～600倍液、70%代森锰锌可湿性粉剂400～600倍液，40%福美双、福美锌可湿性粉剂400～600倍液，隔10～15天喷施1次，共喷2～3次，药剂可交替使用。

3. 霜霉病

防治方法 重病田发病期，可喷施25%甲霜灵可湿性粉剂600～800倍液或58%甲霜灵锰锌可湿性粉剂500倍液，25%丙环唑可湿性粉剂500倍液，25%霜霉威可湿性粉剂500倍液，每10天～14天喷施1次，连续防治2次。

4. 虫害

防治方法 蚜虫：在蚜虫发生盛期可用10%吡虫啉可湿性粉剂2000～3000倍液喷雾，也可选用5%啶虫脒乳油2000～3000倍液进行叶面叶背心心喷雾，均有较好的防治效果。

防治方法 小地老虎：可用毒饵诱杀，利用小地老虎的趋化性，进行毒饵诱杀。毒饵配方：90%敌百虫、白糖、醋、白酒、白菜叶、甘蓝叶等，将白菜叶、甘蓝叶切碎与上述物质拌匀，于日落后放于田间，每10m^2放一堆（约10克），捕杀效果很好。也可制成毒液诱杀。或当田间害虫达0.5头/m^2以上时，可喷2.5%溴菊酯乳油5000倍液，或喷10%氯氰菊酯乳油5000倍液，或喷90%敌百虫晶体800倍液等。一般6～7天后，可酌情再喷1次。

防治方法 蛴螬：若蛴螬较多时，可用50%的辛硫磷400毫升，加水1000毫升，与25千克的细土拌成毒土，于播种和移栽时施入塘土中。

五、采收加工

1. 采收

（1）采收期　春播续断，一般是低海拔地区，续断生长较快，通常于当年12月或翌年1月采挖。秋播续断，一般在高海拔冷凉地区，由于续断生长较慢，通常第三年10月中下旬至11月下旬采挖。

（2）采挖　先割除地上部分的茎叶，将地下部分的根全部挖起，要深挖以免断根，除去泥土、芦头和须根，运回加工。

（3）分选及清洗　将续断药材按根大小进行挑选、去病根、去杂质。按根茎粗细分级，分别堆放。暂分为三级：一级直径2厘米以上；二级直径1～2厘米；三级直径1厘米以下。

（4）刷洗　将不同级别的鲜药材分别用毛刷，在无污染的自来水中刷洗净表面泥沙及其他杂物。

2. 加工

将新鲜根日晒或微火（＜60℃）烘至半干，然后集中堆放，盖上麻袋等，使其"发汗"变软，再晒或烘干，撞去须根，除去杂物。杂质含量应符合药典标准。

六、药典标准

1. 药材性状

本品呈圆柱形，略扁，有的微弯曲，长5～15厘米，直径0.5～2厘米。表面灰褐色或黄褐色，有稍扭曲或明显扭曲的纵皱及沟纹，可见横列的皮孔样斑痕和少数须根痕。质软，久置后变硬，易折断，断面不平坦，皮部墨绿色或棕色，外缘褐色或淡褐色，木部黄褐色，导管束呈放射状排列。气微香，味苦、微甜而后涩。（图4）

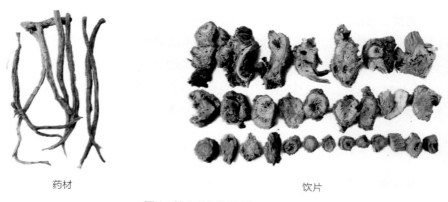

药材　　　　　　　　　　　　　饮片

图4　续断药材和饮片

2. 鉴别

（1）横切面　木栓细胞数列。栓内层较窄。韧皮部筛管群稀疏散在。形成层环明显或不甚明显。木质部射线宽广，导管近形成层处分布较密，向内渐稀少，常单个散在或2～4

个相聚。髓部小，细根多无髓。薄壁细胞含草酸钙簇晶。

（2）粉末特征　粉末黄棕色。草酸钙簇晶甚多，直径15～50微米，散在或存在于皱缩的薄壁细胞中，有时数个排列成紧密的条状。纺锤形薄壁细胞壁稍厚，有斜向交错的细纹理。具缘纹孔导管和网纹导管直径约至72（90）微米。木栓细胞淡棕色，表面观类长方形、类方形、多角形或长多角形，壁薄。

3. 检查

（1）水分　不得过10.0%。

（2）总灰分　不得过12.0%。

（3）酸不溶性灰分　不得过3.0%。

4. 浸出物

不得少于45.0%。

七、仓储运输

1. 仓储

药材仓储要求符合NY/T 1056—2006《绿色食品贮藏运输准则》的规定。仓库应具有防虫、防鼠、防鸟的功能；要定期清理、消毒和通风换气，保持洁净卫生；不应与非绿色食品混放；不应和有毒、有害、有异味、易污染物品同库存放；在保管期间如果水分超过14%、包装袋打开、没有及时封口、包装物破碎等，导致续断吸收空气中的水分，发生返潮、结块、褐变、生虫等现象，必须采取相应的措施。

2. 运输

运输车辆的卫生合格，温度在16～20℃，湿度不高于30%，具备防暑防晒、防雨、防潮、防火等设备，符合装卸要求；进行批量运输时应不与其他有毒、有害、易串味物质混装。

八、药材规格等级

1. 一等：干货

呈圆柱形，略扁，有的微弯曲。表面灰褐色或黄褐色，有稍扭曲或明显扭曲的纵皱及沟纹，可见横列的皮孔样斑痕和少数须根痕。质软，久置后变硬，易折断，断面不平坦，木部黄褐色，导管束呈放射状排列。长11～15厘米，中部直径12～20毫米，断面皮部墨绿色，外缘褐色。气微香，味苦、微甜而后涩。无杂质、虫蛀、霉变。

2. 二等：干货

呈圆柱形，略扁，有的微弯曲。表面灰褐色或黄褐色，有稍扭曲或明显扭曲的纵皱及沟纹，可见横列的皮孔样斑痕和少数须根痕。质软，久置后变硬，易折断，断面不平坦，木部黄褐色，导管束呈放射状排列。长8～15厘米，中部直径8毫米，断面皮部浅绿色或棕色，外缘淡褐色。气微香，味苦、微甜而后涩。无杂质、虫蛀、霉变。

3. 统货：干货

呈圆柱形，略扁，有的微弯曲。长5～15厘米，中部直径5～20毫米，表面灰褐色或黄褐色，有稍扭曲或明显扭曲的纵皱及沟纹，可见横列的皮孔样斑痕和少数须根痕。质软，久置后变硬，易折断，断面不平坦，皮部墨绿色、浅绿色或棕色，外缘褐色或淡褐色。导管束呈放射状排列。气微香，味苦、微甜而后涩。无杂质、虫蛀、霉变。

九、药用价值

续断具有补肝肾，强筋骨，续折伤，止崩漏等功效。用于肝肾不足，腰膝酸软，风湿痹痛，跌扑损伤，筋伤骨折，崩漏，胎漏。其在中医临床上应用十分广泛，尤其在抗骨质疏松、骨折及产科用药等方面具有明确的生理活性；是骨伤科、风湿疼痛科等必备中药。

1. 治疗骨折

续断中的生物碱、挥发油、维生素E等具有促进组织再生作用。用续断可缩短骨折愈合时间，尤其是对于老年骨折及一些迟缓愈合的骨折有良好的效果。其机制是促进骨折部位骨基质钙沉积，提高骨痂质量，促进生长激素的分泌，提高BMP的含量，促进成骨细胞分泌TGF-β，对TGF-I的产生有促进作用。

2. 治疗跌打损伤

跌打损伤往往是血行不畅、瘀血内阻而致局部瘀肿疼痛。使用续断具有行血脉、活血祛瘀作用，可促进血行，消散瘀血，达到消肿止痛的目的。

3. 治疗骨质增生

续断甘温入肝肾，即能补肝肾，又能行血脉，故在治疗骨质增生病变时，重用续断效果良好。

4. 治疗子宫出血

临床上用续断旱莲汤以调理冲任、固摄肝肾治疗更年期功能性子宫出血，总有效率93.5%。

5. 治疗流产

以续断为主，配以菟丝子、炒白术、党参等治疗先兆性流产，有效率达96.4%。以续断为主，配以制狗脊、桑寄生、菟丝子等治疗习惯性流产，有效率为74.0%。

6. 治疗慢性盆腔炎

慢性盆腔炎是妇科棘手疾病之一，本病除原发病外，多伴有继发不孕，输卵管不通，月经不调等症。用丹香合剂灌肠，加药渣腹部热敷治疗慢性盆腔炎，总有效率84.3%。

参考文献

[1] 徐绍忠，年金玉，杨志清，等. 续断良种繁育技术规程研究[J]. 农村实用技术，2015，（10）：30–32.
[2] 苟寒阳，杨昭武，李应军，等. 续断规范化种植生产标准操作规程（SOP）[J]. 现代中药研究与实践，2015，29（02）：8–10+14.
[3] 王家葵，王一涛. 续断功效与临床应用历史沿革考[J]. 中医杂志，1992，（06）：49–50.
[4] 杨烨. 中药材续断的种植技术[J]. 农民致富之友，2014，（08）：187.

[5] 刘永. 续断资源调查及质量评价研究[D]. 成都: 成都中医药大学，2009.

[6] 吴明开，何尧，宋德勇，等. 川续断规范化种植标准操作规程（试行）[J]. 湖北农业科学，2011，50（12）：2493–2498.

[7] 魏德生，魏升华，周宁，等. 续断规范化种植生产标准操作规程（SOP）[J]. 现代中药研究与实践，2011，25（06）：15–18.

（云南省农业科学院药用植物研究所　杨天梅）

黄精（滇黄精）

huang　jing

滇黄精为百合科植物滇黄精 *Polygonatum kingianum* Coll. et Hemsl. 的干燥根茎。

一、植物特征

滇黄精为多年生宿根草本植物，根状茎近圆柱形或近连珠状，结节有时作不规则菱状，肥厚，直径1～3厘米。茎高1～3米，顶端作攀援状。叶轮生，每轮3～10枚，条形、条状披针形或披针形，长6～20（～25）厘米，宽3～30毫米，先端拳卷。花序具（1～）2～4（～6）花，总花梗下垂，长1～2厘米，花梗长0.5～1.5厘米，苞片膜质，微小，通常位于花梗下部；花被粉红色，长18～25毫米，裂片长3～5毫米；花丝长3～5毫米，丝状或两侧扁，花药长4～6毫米；子房长4～6毫米，花柱长（8～）10～14毫米。浆果红色，直径1～1.5厘米，具7～12颗种子。花期3～5月，果期9～10月。（图1）

图1　滇黄精植物图

二、资源分布概况

　　滇黄精主要分布于云南、贵州、四川及广西的西北部及西藏地东南与云南迪庆、怒江接壤的林芝地区。根据调查，滇黄精主要集中分布于海拔1200～2200米，年均温度为16～20℃，年均降雨量为800～1800毫米的亚热带季风气候带，如云南的普洱、文山、玉溪、临沧、保山、德宏及怒江州及广西的百色等，该区域常年年均温度为15～25℃之间，降雨量较大，空气湿度较高，且土壤为黑砂壤、黄砂壤或土壤腐殖质较高，全年无霜期较长，但由于小环境气候的影响，建议先行试种。

三、生长习性

　　滇黄精为喜温、耐寒、耐旱、耐高温、耐阴、怕涝的特点，惧霜冻和阳光直射。在生长过程中，需要较高的空气湿度和阴蔽度。在降雨量集中的地区生长良好，尤喜灌丛、林缘、沟边和背阴山坡地。滇黄精适宜生于海拔700～3600米；年平均气温为15～25℃，地温为10～20℃，无霜期240天以上；年降雨量在850～1200毫米，土壤pH值为5.5～7.2的地带。气温在20～25℃，滇黄精生长旺盛，高于30℃或低于0℃，植株生长停滞。

四、栽培技术

（一）种植材料

　　种苗移栽选择芽头饱满、根系发达、无病虫害、无机械损伤的根茎作为种植材料，带苗移栽则要求茎秆健壮、叶色浓绿，无病虫害的植株。种子繁殖则要选择母本纯正、生长整齐、植株较为整齐、无病虫害的植株所繁殖的成熟度一致、饱满成熟种子作为种植材料，一般为2年苗或3年苗。（图2）

（二）选地与整地

1. 选地

　　（1）大田　根据滇黄精的生长特性，选择海拔700～3600米；年平均气温为

图2 滇黄精种苗

15～25℃，地温为10～20℃，无霜期240天以上，年降雨量在850～1200毫米，土壤pH值为5.5～7.2，土质为土壤疏松，富含腐殖质、保湿、利于排水的坡地或缓坡地。所选地块周边植被较好，空气湿度大，光照充足，热量丰富的区域，前茬不能种植茄科作物如辣椒、茄子、烤烟等或种植施肥过多种植过蔬菜的熟地，最好选择生荒地或前茬为玉米、荞麦等禾作物的坡地。

（2）林地 根据滇黄精野生的生长环境，滇黄精可以选择林下种植。林地树种可以选择果树、竹林、华山松、杉木林、旱冬瓜、常绿阔叶林或落叶阔叶林等避荫度在50%～70%、利于保水的砂质或腐殖质层深厚的林下，所选林地的海拔高度为700～3600米，降雨量为700～1200毫米，年均温度为15～25℃的林地。

（3）搭建荫棚 滇黄精属喜阴植物，忌强光直射，如果采用荫棚种植，应在播种或移栽前搭建好遮阴棚。按4米×4米打穴栽桩，可用木桩或水泥桩，桩的长度为2.5米，直径为10～12米，桩栽入土中的深度为40～50厘米，桩与桩的顶部用铁丝固定，边缘的桩子都要用铁丝拴牢，并将铁丝的另一端拴在小木桩上斜拉打入土中固定。在拉好铁丝的桩子上，铺盖遮阴度为70%的遮阳网，在固定遮阳网时应考虑以后易收拢和展开。在冬季风大和下雪的地区种植重楼，待植株倒苗后（11月中下旬），应及时将遮阳网收拢，第二年2～3月份出苗前，再把遮阳网展开盖好。

2. 整地

种植前1～2个月先深翻1遍,结合整地施农家肥2000～2500千克/亩翻入土中作基肥,让太阳暴晒自然消毒杀菌,之后耙细整平作墒,墒宽1.2～1.5米,墒与墒之间的沟深度应在20厘米以上,预防多雨季节墒面积水,在有条件的情况下,可以架设喷灌或滴灌,预防旱季缺水减产;如果所选地块土质偏酸性较大,可以适当加入草木灰,或土壤偏碱性过大,可以适当撒入少量生石灰,确保土壤pH值中性稍微偏酸。

(三)播种

目前滇黄精的种源材料主要来源于以下几个途径。

1. 野生苗驯化变家种苗

滇黄精、黄精和多花黄精野生变家种较为普遍,把野生零星的苗收集来,按照块茎的大小,进行分级处理,栽种时大小分开,并把节数多的块茎进行切块,以每个种植材料2～3节,并对伤口用草木灰和多菌灵处理,处理完之后,按(20～25)厘米×(25～30)厘米的株行距进行定植移栽。或把野生苗收集来直接按照大小分类,直接移栽,待产生种子后再用种子进行育苗。

2. 种子繁殖

(1)种子选择 在立冬前后,当滇黄精果实变成黄色或橙红色时,植株开始枯萎时,采集果实,并及时进行处理,防止堆积后发生霉烂,将所采果实置于纱布中,搓去果皮,洗净种子,剔去透明发软的细小种子,种子呈光滑的乳白色,选择饱满、成熟、无病害、无霉变和无损伤的种子做种,种子不能晒干或风干。

(2)种子处理 滇黄精种子具有明显的后熟作用,胚需要休眠完成后熟才能萌发。在自然情况下需要经过两个冬天才能出土成苗,且出苗率较低,一般情况下翌年春天播种,播种后第2年才出苗,出苗率低,且出苗不整齐。采用种子低温催芽处理能使种子播种当年出苗,且出苗率高,出苗整齐,具体处理方法是:将选好的滇黄精种子,去皮处理后,用200毫克/升 GA(85%)浸泡种子30分钟,再用干净的湿沙催芽。按种子与湿沙的比例1:10拌匀,再拌入种子量的0.5%的多菌灵可湿性粉剂,拌匀后放置于花盆或育苗盘中,置于室内,温度保持在18～22℃,每15天检查一次,保持湿度在30%～40%(用手抓一把砂子紧握能成团，松开后即散开为宜），第二年1月便可播种。

（3）种子育苗　种子育苗宜采用点播或条播，每亩约需种子50千克（带果皮和种皮时的鲜重），可育10万株苗。按宽1.2～1.4米，墒面高20厘米，沟宽30厘米整理苗床。整理好苗床后，先铺一层1厘米左右洗过的河沙，再铺1～2厘米筛过的壤土或火烧土，然后将处理好的种子按5厘米×5厘米的株行距播于做好的苗床上，种子播后覆盖基质（泥炭土：沙子=1：1），覆土厚约1.5～2.0厘米，再在墒面上盖一层松针或碎草，厚度以不露土为宜，冷凉的地方可以多盖一些保温，浇透水，保持湿润。播种后当年5月份开始出苗，一般8月份苗可出齐。实践证明，出苗时间和整齐度与水分和温度有密切关系，但水分不足或水分不均及温度过高或过低都是影响滇黄精出苗时间和出苗整齐度的主要因素。如通过种子繁育出来的种苗生长缓慢，可以喷施少量磷酸二氢钾，要特别注意温度不够易造成小苗死亡，出苗第2年，滇黄精种苗根茎直径超过1厘米大小时即可移栽。

3. 切块繁殖

根茎切块繁殖分为带顶芽切块和不带顶芽切块两种方法，一般切块时带顶芽部分成活率高，带顶芽切段根茎的生长量是不带顶芽切段的1.5～2.5倍，并且当年就可以出苗，甚至开花结果，而不带顶芽的切段需要2年才形成小苗，且不带顶芽切块滇黄精分化出来的苗第一年基本上只有1片叶子，但能够形成多个芽。目前在生产上主要以带顶芽切块繁殖为主。

带顶芽切块繁殖的方法为：秋、冬季滇黄精倒苗后，采挖健壮、无病虫害根茎，把以带顶芽部分根茎的第2节处切割，伤口蘸草木灰和多菌灵或将切口晒干，随后按照大田种植的标准栽培，第二年春季便可出苗，其余部分可晒干作商品出售也可进行催芽后作为繁殖。

不带顶芽根茎切块繁殖：将不带顶芽的块茎切块，切块长度以2～3个节为宜，切块后的伤口蘸草木灰和多菌灵或将切口晒干，置于阴凉潮湿的干净沙中或砂质壤土中进行催芽，一般要催2年后才能出苗，出苗后的1～2年，按有萌发能力的芽残茎、芽痕特征，把带芽的块茎掰下，掰下块茎的伤口适当晾干或蘸草木灰和多菌灵，随后按照大田种植标准栽培。

4. 组织培养无性繁殖

用组织培养无性繁殖的苗，经炼苗处理后，按照大田种植标准进行栽培。

（四）田间管理

1. 种植时间

滇黄精种植，一般根据苗的大小来确定移栽时间，小苗（块茎直径＜3厘米）可以在秋季带苗移栽或等冬季地上部分倒苗（11～12月）开始移栽，而大苗（块茎直径＞5厘米）宜植株倒苗后移栽，此时移栽的滇黄精根系破坏较小，花、叶等器官在尚未发育，移栽后当年就会出苗，出苗后生长旺盛。目前雨季移栽小苗也较为常见，一般雨季移栽要注意起苗时尽量减少根部损伤，尽量带苗移栽，减少运输时间，最好起苗后立即移栽。

2. 种植密度

生产上滇黄精种植密度也不尽相同，一般根据苗大小种植密度也有差异，苗小种植密度相对较大，苗大种植密度相对较小，株行距在20厘米×25厘米、25厘米×30厘米、35厘米×40厘米或50厘米×50厘米均有，一般每亩种植2000～5000株。

3. 种植方法

在畦面横向开沟，沟深6～8厘米，根据种植规格放置种苗，一定要将顶芽芽尖向上放置，用开第二沟的土覆盖前一沟，如此类推。播完后，用松毛或稻草覆盖畦面，厚度以不露土为宜，起到保温、保湿和防杂草的作用。栽后浇透一次定根水，以后根据土壤墒情浇水，保持土壤湿润。

4. 水肥管理

滇黄精种植后应根据土壤湿度及时浇水，使土壤水分保持在30%～40%。出苗后，有条件的地方可采用喷灌，以增加空气湿度，促进滇黄精的生长。雨季来临前要注意理沟，以保持排水畅通。多雨季节要注意排水，切忌畦面积水。滇黄精怕水涝，遭水涝时根茎易腐烂，导致植株死亡，造成减产。

滇黄精的施肥以有机肥为主，辅以复合肥和各种微量元素肥料。有机肥包括充分腐熟的农家肥、家畜粪便、油枯及草木灰、作物秸秆等，禁止施用人粪尿。有机肥在施用前应堆沤3个月以上（可拌过磷酸钙），以充分腐熟。追肥每亩每次1500千克，于5月中旬和8月下旬各追施1次。在施用有机肥的同时，应根据滇黄精的生长情况配合施用氮、磷、钾肥料。滇黄精的氮、磷、钾施肥比例一般为1∶0.5∶1，施肥采用撒施或兑水浇施，施肥后应浇一次水或在下雨前追施。在其生长旺盛期（7～8月）可进行叶面施肥促进植株生长，用0.2%磷酸二氢钾喷施，每15天喷1次，共3次。喷施应在晴天傍晚进行。

5. 中耕除草

由于滇黄精根系较浅，而且在秋冬季萌发新根和新芽，种植第一年可以用中耕除草，中耕时必须注意，在9～10月前后地下茎生长初期，应用小锄轻轻中耕，不能过深，以免伤害地下茎；第2年以后宜人工除草，严禁使用化学除草剂。中耕除草时要结合培土，避免根状茎外露吹风或见光，冬季发生冻害，中耕除草时可以结合施用冬肥。2～3月苗逐渐长出，发现杂草要及时拔除，除草要注意不要伤及幼苗和地下茎，以免影响滇黄精生长。

6. 摘花疏果及封顶

滇黄精的花果期持续时间较长，并且每一茎枝节腋生多朵伞形花序和果实，致使消耗大量的营养成分，影响根茎生长。因此，种植基地需要及时在花蕾形成前及时将花芽摘去，同时把植株顶部嫩尖切除，只保留1～1.5米的植株高度，从而避免。以促进养分集中转移到收获物根茎部，利于产量提高。

7. 防冻

如滇黄精种植区域的冬季气温较低，出苗后应在上面盖一薄层农家肥和稻草（干松毛）以防止霜冻，并避免下午浇水，地块干燥浇水适宜在10点～14点浇水。

（五）病害防治

1. 叶斑病（图3）

防治方法 ①农业防治：冬季滇黄精倒苗后，及时清除植株地上部分枯枝，将枯枝病残体集中烧毁，消灭越冬病源。②药剂防治：雨季来临，发病前和发病初期喷10%苯醚

图3　滇黄精的叶斑病

甲环唑水分散颗粒剂1500倍液，或50%退菌灵可湿性粉剂1000倍液，每7～10天喷1次，连续喷施3～4次。发病后可喷洒50%甲基托不津可湿性粉剂600倍液，或40%百菌清悬浮剂500倍液、25%苯菌灵·环己锌乳油800倍液、50%甲基硫菌灵·硫黄悬浮剂800倍液、50%利得可湿性粉剂1000倍液。间隔5～7天一次，连续防治3～4次。

2. 黑斑病（图4）

（防治方法）冬季滇黄精倒苗后，及时清除植株地上部分枯枝，将枯枝病残体集中烧毁，消灭越冬病源。休眠期喷洒1%硫酸铜溶液杀死病残体上的越冬菌源。发病初期用50%退菌特1000倍液喷雾防治，每隔7～10天喷药1次，连续喷2～3次。

图4　滇黄精黑斑病

3. 根腐病（图5）

（防治方法）选择避风向阳的坡地栽培，并开沟理墒，以利排水和降低地下水位。播种或移栽时用草木灰拌种苗，初发病时选用75%百菌清600倍液、25%甲霜灵锰锌600

图5　滇黄精的根腐病

液、70%代森锰锌600倍液、64%杀毒矾600倍液、80%多菌灵500倍液等药液浇根。7～10天浇施一次，防控2～3次。也可选用50%多菌灵可湿性粉剂600倍液+58%甲霜灵锰锌可湿性粉剂600倍液混合后浇淋根部。若发现线虫或地下害虫危害，选用10%克线磷颗粒剂沟施、穴施和撒施，2～3千克/亩；或50%辛硫磷乳油800倍液浇淋根部。

4. 炭疽病（图6）

> **防治方法** ①加强栽培管理，增施生物有机肥，做好防冻、防旱、防涝和其他病虫的防治，增强植株的抗性能力。②冬季清除枯枝落叶，并集中烧毁，减少病源。③药剂防治：在春、夏黄精出苗初期喷施化学药剂，15～20天一次，连续3～4次，药剂可选用30%悬浮剂戊唑·多菌灵龙灯福连1000～1200倍液或70%默赛甲基硫菌灵1000倍液；或F500百泰2000倍液。

图6　滇黄精的炭疽病

5. 褐斑病（图7）

> **防治方法** ①加强栽培管理，移栽时注意土壤消毒，杀死潜伏病菌，种植不宜过密，要注意通风透光，注意排水。②发现病叶要立即摘除并销毁，以防扩散感染。③发病初期用1：1：300波尔多液（硫酸铜：爆石灰：水）或80%代森锌可湿性粉剂600倍液，50%多菌灵可湿性粉800倍液，70%甲基托布津可湿性粉1000倍液，32%乙蒜素酮乳剂及30%菌无菌（乙蒜素）

图7　滇黄精的褐斑病

乳剂1500倍液喷洒，7～10天一次，连喷2～3次。④发病严重时，应喷药防治，可以喷施1%的波尔多液，或75%的百菌灵可湿性粉剂600～800倍释液，或可喷洒65%可湿性代森锌粉剂500～600倍液，或50%代森铵200倍释液，或布托津200倍稀释液，连续喷施3～4次。

6. 茎腐病（图8）

防治方法 冬春季要清除枯枝、病叶集中烧毁，减少病源的越冬基数，发现病株及时清除；苗床地要高畦深沟，以利雨后能及时排水；注意通风透气，雨后及时排水，保持适当温湿度；中耕除草不要碰伤根茎部，以免病菌从伤口侵入。发病初期选用58%瑞毒霉500倍液、72%甲霜灵锰锌600倍液、75%百菌清600倍液、80%代森锰锌500倍液、68.75%银法利（氟菌·霜霉威）2000倍液等其中一种药液喷施植株，每7~10天喷淋1次，连续防治3次。

图8 滇黄精的茎腐病

7. 病毒病（图9）

防治方法 ①采用轮作套种不同作物可以减少病原积累，防止病害严重发生。②加强田间栽培管理，提高植物抗病毒病的能力，铲除田间地头杂草，拔除病株以除掉毒源，及时治虫防病，也能减轻病害。③冲施肥要以天然有机肥为主，用生物发酵好的肥料，厌氧菌或放线菌类有益防腐微生物为最好，养根壮根，提高产量的同时提高其抗病毒能力。

图9 滇黄精的病毒病

8. 枯萎病（图10）

防治方法 ①种子种苗消毒，培育无毒健康种苗。②土壤消毒，对种植滇黄精的地块用0.008~2毫克/升的氯化苦消毒。③药液灌治：在零星发病田块，用12.5%治萎灵水剂

图10　滇黄精的枯萎病

200～300倍液浇灌病苗，每株10～20毫升，可以减轻发病或恢复生机，尤其是轻病株，效果良好。

9. 灰霉病（图11）

防治方法　及时清除、销毁病残体；加强管理，注意排水和降低湿度，增施有机肥，通风透光，提高滇黄精抗病力；注意雨前重点预防和控病。发病初期选用40%明迪（氟啶胺+异菌脲）3000倍液、40%嘧霉胺1000倍液、50%啶酰菌胺1200倍液、50%速克灵2000倍液等药液喷施、喷淋植株。

图11　滇黄精的灰霉病

（六）虫害防治

滇黄精的主要虫害有蚜虫、螨虫、地老虎、蝼蛄、铜绿丽金龟、蛴螬等。虫病严重时，用阿维菌素，或75%辛硫磷乳油700倍液浇灌植株周围及土面，或用麦麸、豆饼等50千克炒香，加90%美曲膦酯原药0.5千克，加水50千克诱杀。傍晚进行，每亩施1.5～2千克。

亦可采用物理防治，如黄、蓝板；黑光灯、白炽灯等诱杀成虫。

五、采收加工

1. 采收

（1）采收期　综合产量和药用成分含量两方面因素，滇黄精在移栽后第3～4年采收最佳；采收时间为11月至翌年1月。

（2）田间清理　采挖前将地上枯萎植株、杂草清除，集中运出种植地烧毁或深埋。

（3）采挖　从滇黄精植株地上枯萎部分判断地下块根位置，用锄头或镐等农用工具沿厢横切面往下挖，深度20～25厘米，小心翻挖出滇黄精块茎，剥除泥土，收集后装入清洁竹筐内或透气编织袋中。

（4）分选及清洗　块根运回后及时在加工场地摊开分选，清除感染病虫害，或有损伤的块茎；分选后用清水浸泡5～10分钟后，用流动水搓洗，淘去泥土，洗净的块根沥干水。

（5）干燥　干燥时，可以高温或冷冻处理，迅速杀死其细胞，抑制细胞内酶类的活动，减少有效成分的分解。杀青处理后切片晒干，晒干之后装入干净无污染的洁净的竹筐或塑料框中。

2. 加工

在滇黄精杀青后，进行切片，用太阳暴晒干燥或50～60℃烘箱干燥。亦可参照《雷公炮制论》《千斤翼方》《食疗本草》等进行九蒸九制，加工成炮制黄精片。

六、药典标准

1. 药材性状

块茎呈厚肉质的结节块状，结节长达10厘米以上，宽3厘米～6厘米，厚2厘米～3厘米。块茎表面淡黄色至黄棕色，具环节，有皱纹及须根痕，结节上侧茎痕呈圆盘状，圆周凹入，中部突出。质的坚硬而柔韧，不容易折断，断面角质，淡黄色至黄棕色。气微，味甜，嚼之有黏性。（图12）

图12　滇黄精药材

2. 鉴别

表皮细胞外壁较厚。薄壁组织间散有多数大的黏液细胞，内含草酸钙针晶束。维管束散列，大多为周木型。

3. 检查

（1）水分　不得过18.0%。

（2）总灰分　不得过4.0%。

（3）重金属及有害元素　铅不得过5毫克/千克；镉不得过1毫克/千克；砷不得过2毫克/千克；汞不得过0.2毫克/千克；铜不得过20毫克/千克。

4. 浸出物

不得少于45.0%。

七、仓储运输

1. 包装

黄精富含多糖，在贮藏过程中容易虫蛀和霉变，为了防止黄精药材发霉、变质，可采用聚乙烯塑料膜、铝箔/聚乙烯塑料复合膜作为包装材料。黄精在包装前应仔细检查是否已充分干燥，并清除杂质和异物。将全干燥的黄精装入洁净的聚乙烯塑料膜、铝箔/聚乙烯塑料复合膜袋中，内衬防潮纸（本品极易吸潮），每件可包装20千克、25千克或50千克，并附合格证、装箱单和出货日期，然后打包成件。

2. 仓储

贮藏采用密封的塑料袋比较好，能有效地控制其安全水分（<18%），同时可将密封塑料袋装好的药材放入密封木箱或铁桶内，防虫防鼠。要定时检查，防止霉变、鼠害、虫害。

3. 运输

黄精的运输应遵循及时、准确、安全、经济的原则。将固定的运输工具清洗干净，将成件的商品黄精捆绑好，遮盖严密，及时运往贮藏地点，不得雨淋、日晒、长时间滞留在外，不得与其他有毒、有害物质混装，避免污染。

八、药材规格等级

滇黄精向来以体粗壮、结节肥厚、质硬而韧、不易折断、色泽黄色至黄棕色、身干无杂、无须根、无霉变者为佳（表1）。

表1　滇黄精商品规格等级划分表

基源	等级	性状描述	
		共同点	区别点
滇黄精	一等	干货。呈肥厚肉质的结节块状，表面淡黄色至黄棕色，具环节，有皱纹及须根痕，结节上侧茎痕呈圆盘状，圆周凹入，中部突出，质硬而韧，不易折断，断面角质，淡黄色至棕黄色。气微，味甜，嚼之有黏性。无杂质、虫蛀、霉变	每公斤药材所含个子数量在25头以内
	二等		每公斤药材所含个子数量在80头以内
	三等		每公斤药材所含个子数量多于80头
	统货	干货。结节呈肥厚肉质块状。不分大小。无杂质、虫蛀、霉变	

九、药用食用价值

1. 临床常用

黄精具有悠久的药用历史，黄精多糖具有免疫激发和免疫促进作用，增强免疫功能，此外还具有抗衰老、降血压、降血脂、抗炎、抗菌、抗病毒、抗疲劳、提高记忆力等作用。黄精作用广泛，功效显著，目前在临床上已应用于以下方面。

（1）治疗手脚癣　以黄精为主药，配以藿香、白癣皮、苦参、蛇床子、地肤子、枯矾、葱白、食醋等治疗手脚藓。

（2）治疗哮喘　黄精多糖能有效改善急性发作期哮喘患者肺功能，降低哮喘患者的气道高反应性。

（3）治疗肾虚型糖尿病患者　以黄精（酒炙）、黄芪、地黄、太子参、天花粉等为原料的降糖甲片，可用于治疗糖尿病并且心功能也有所改善。此外还用滋肾蓉精丸（黄精20克，肉苁蓉15克，制首乌15克，金樱子15克，怀山药15克，赤芍10克，山楂10克，五味子10克，佛手10克）治疗肾虚型糖尿病，结果表明滋肾蓉精丸对降低糖尿病合并高血脂者胆固醇和甘油三酯亦有明显效果，对合并肥胖、高血脂等症者尤为适宜。采用益气养阴活血之法，自拟糖尿康方（人参、黄蓑、山药、黄精、木瓜、猪等、水蛭等）治疗糖尿病，有显著改善。用降糖丸（黄精10份，红参、茯苓、白术、黄芪、葛根各5份，大黄、黄连、五味子、甘草各1份，制成水丸）15克内服，每日3次。治疗20例，疗效佳。

（4）治疗缺血性脑血管疾病　黄精四草汤（由黄精、夏枯草、益母草、车前子、豨莶草、水蛭、丹参、川牛膝、人工牛黄、地龙、全蝎）治疗缺血性脑血管疾病有显著效果且均无明显不良反应。

（5）治疗肺结核　黄精枯草膏（黄精2000克，鱼腥草1000克，夏枯草2000克）对治疗肺结核有显著疗效。黄精鳖虫不出林汤（黄精15克，鳖虫10克，不出林30克，怀山药15克，内金10克，百合12克，知母12克，葎草10克，甘草6克），辅之西药异烟肼、乙胺丁醇、利福平等治疗肺痨疗效显著。

（6）治疗动脉硬化　黄精30克，山楂肉25克，何首乌15克，水煎2次服用，每日1剂，可以治疗动脉硬化。

（7）治疗冠心病　三黄生脉饮（黄芪、丹参、黄连、黄精、西洋参、炙甘草、麦冬、五味子等）对冠心病心肌炎等原因引起的室性早搏具有较好的治疗作用，尤其是对气阴两虚为主的室性早搏疗效最佳。

2. 食疗及保健

黄精自古至今均以抗衰老、降血压、降血脂、抗炎、抗菌、抗病毒、抗疲劳等功效予以利用，同时黄精味甘甜，无不良反应，被列为药食同源植物名单。黄精在激活机体免疫功能，延缓衰老有确切功效，因此在保健食品方面被大力开发利用。其主要的利用方法如下。

（1）黄精粉　制备黄精干粉，有利保存、方便使用。运用不同的粉碎技术可达到不同的粒度，以满足不同的需要。黄精粉可按适当比例加入各类谷物粉料中，生产不同的黄精主食、糕点、儿童食品，利用挤压膨化技术可生产松脆易消化的黄精休闲食品等，应用领域十分广阔。

（2）黄精饮料　黄精具有良好的饮料加工适性，其天然甜味、香气和色素参与构成饮料良好的感官品质，尤其是其丰富的多糖和黏液质可为饮料的稳定性做出贡献。黄精可与其他多种植物材料、水果、蔬菜组合，开发天然复合型保健饮品，黄精提取汁经精密过滤、低温真空浓缩、UHT灭菌、无菌灌装可制成黄精口服液。

（3）黄精保健酒　用米酒浸泡黄精，可制成黄精浸制酒；同时黄精由于其高含糖量很适用于生产发酵酒。民间利用黄精制备糖稀，加酶转化后出糖率达26%，有利于降低生产成本。黄精酒产品的酒度最好控制在8%以下，以突出其保健功能。

（4）黄精糖渍品和盐渍品　鲜黄精适度脱水后，本身极为柔润，粗纤维素含量低，适量加糖蜜制或加盐腌渍可得色、香、味俱全的休闲食品或佐餐食品。黄精用于食品开发既有营养和功能性成分方面的优势，又具有较好的加工适性，值得注意的是：食品生产者必须密切关注黄精化学成分及药理学方面的研究结果，以此作为合理组方、工艺选择和产品改进的依据；在添加量方面必须综合考虑中医食疗的长期经验、食用者的特点、食用的普遍性、经常性，主食或副食等再行决定。

（5）黄精膏　黄精膏由黄精、桑椹、枸杞子、云茯苓、怀山药、白茅根等具有补肾养肾功能的药食同源品配制而成，适用于以下症状:腰膝酸软、五心烦热，或畏寒怕冷者；小腹不适或小便不利者；阳痿早泄、不孕不育者；面目下肢虚浮易肿者；骨骼脊柱经常不舒适者；体质虚弱者；超负荷工作的男性同胞。

（6）当归黄精膏　以黄精、当归为主要材料可能秘制成当归黄精膏，其主要功效为养阴血，益肝脾。用于肝脾阴亏，身体虚弱，饮食减少，口燥咽干，面黄肌瘦。

（7）黄精粳米粥　黄精30克，粳米100克。粳米中加入黄精煎水制成的汁液，将其煮至粥熟，加适量冰糖服食。用于阴虚肺燥、咳嗽咽干、脾胃虚弱的患者。

（8）益寿排骨汤　黄精20克，猪排骨250克。将排骨、黄精、生姜1片、葱1根、黄酒少许洗净置锅内，加清水适量。可治疗体虚，多汗。

（9）土鸡炖黄精　黄精100克，土鸡1只。将土鸡、黄精、生姜等洗净，至于锅内，加清水，食盐适量盖锅盖隔水炖熟，调味即可。用于心血管疾病、糖尿病者的保健药膳。

黄精与黄精多糖在提高机体免疫能力、抗衰老、抗病毒等方面独特生理作用已为现代医学所证实。因此，研制具有良好免疫调节作用的免疫调节药，抗HIV病毒、抗肿瘤、抗衰老新药，应成为今后黄精开发研究的主要方向。此外滇黄精具有补气养阴、健脾、润肺、益肾等功能，性平味甘，且无毒。成分中除黄精多糖外，尚含有黄精低聚糖、类固醇皂苷、黄酮苷、蒽醌类化合物，以及11种氨基酸和8种微量元素等营养成分，具有多种生物活性和保健功能，也是可开发利用的有效资源。如对黄精的各种成分进行提取、分离后，加以综合利用，开发研制成增强机体免疫功能、抗衰老、降血糖、降血脂等功能性保健食品，将受到市场的广泛欢迎。

3. 保健化妆品开发

滇黄精含有多种天然美容活性成分，具有抗衰老、防辐射、抗炎、抗菌、生发乌发、固齿等美容功能，以此开发成纯天然的中草药保健化妆品：沐浴露、洗发香波、护发素、乌发宝、脚气露、面膜、药膏、搽剂等，前景广阔。

参考文献

[1] 中国科学院中国植物志编辑委员会.《中国植物志》(1978年版第15卷)[M]. 北京：科学出版社，1978，52−81.

[2] 杨瑞娟，王桥美，庄立，等. 滇黄精研究进展[J]. 农村实用技术，2017，(06)：50−52.

[3] 柳威，林懋怡，刘晋杰，等. 滇黄精研究进展及黄精研究现状[J/OL]. 中国实验方剂学志，2017，23(14)：226−234.

[4] 韦新宇. 黄精益阴汤治疗原发性高血压疗效观察[J]. 实用中医药杂志，2016，32(09)：862.

[5] 管欣. 黄精属两种植物解剖结构研究[D]. 长春：吉林农业大学，2016.

[6] 陈辉，冯珊珊，孙彦君，等. 3种药用黄精的化学成分及药理活性研究进展[J]. 中草药，2015，46(15)：2329−2338.

[7] 刘洋洋，安莹莹，秦文娟，等. 黄精多糖药理作用研究进展[J]. 泰山医学院学报，2014，35(09)：967−970.

[8] 姚荣林. 黄精的化学成分及药理研究[J]. 医疗装备，2014，27(09)：20−21.

[9] 崔波，高华荣. 黄精多糖药理作用研究进展[J]. 山东医药，2014，54(34)：101−102.

[10] 程铭恩，王德群. 黄精属5种药用植物根状茎的结构及其组织化学定位[J]. 中国中药杂志，2013，38(13)：2068−2072.

[11] 董治程，谢昭明，黄丹，等. 黄精资源、化学成分及药理作用研究概况[J]. 中南药学，2012，10(06)：450−453.

[12] 陈晔，孙晓生. 黄精的药理研究进展[J]. 中药新药与临床药理，2010，21(03)：328−330.

[13] 陈兴荣，王成军，杨永寿. 滇黄精抗衰老保健食品的研究与开发[J]. 中国民族民间医药，2009，18(21)：1+3.

[14] 何新荣，刘萍. 黄精药理研究进展[J]. 中国药业，2009，18(02)：63−64.

[15] 郭婕，张国. 黄精的现代化学、药理研究与临床应用进展[J]. 齐鲁药事，2005，(12)：741−743.

[16] 胡敏，王琴，周晓东，等. 黄精药理作用研究进展及其临床应用[J]. 广东药学，2005，(05)：68−71.

[17] 庞玉新，赵致，袁媛，等. 黄精的化学成分及药理作用[J]. 山地农业生物学报，2003，(06)：547−550.

[18] 陈兴荣，王成军，李龙星，等. 滇黄精的化学成分及药研究进展[J]. 时珍国医国药，2002，(09)：560−561.

（云南省农业科学院药用植物研究所　杨维泽）

秦艽（粗茎秦艽）
<small>qín jiāo</small>

本品为龙胆科植物粗茎秦艽*Gentiana crassicaulis* Duthie ex Burk.的干燥根。

一、植物特征

野生粗茎秦艽为多年生草本，高30～40厘米，全株光滑无毛，基部被枯存的纤维状叶鞘包裹。须根多条，扭结或黏结成一个粗的根。枝少数丛生，粗壮，斜升，黄绿色或带紫红色，近圆形。莲座丛叶卵状椭圆形或狭椭圆形，先端钝或急尖，基部渐尖，叶脉5～7条，在两面均明显，并在下面突起；茎生叶卵状椭圆形至卵状披针形，先端钝至急尖，基部钝，边缘微粗糙，叶脉3～5条，在两面均明显，并在下

图1 粗茎秦艽植物图

面突起。花多数，无花梗，在茎顶簇生呈头状；花萼筒膜质，一侧开裂呈佛焰苞状；花冠筒部黄白色，冠檐蓝紫色或深蓝色，内面有斑点，壶形，裂片卵状三角形；雄蕊着生于冠筒中部，整齐，花丝线状钻形，花药狭矩圆形。子房无柄，狭椭圆形，先端渐尖，花柱线形，柱头2裂，裂片矩圆形。蒴果内藏，无柄，椭圆形；种子红褐色，有光泽，矩圆形，表面具细网纹。花果期6～10月。（图1）

二、资源分布概况

粗茎秦艽主要分布于我国西藏东南部、云南、四川、贵州西北部、青海东南部、甘肃南部，在云南丽江为粗茎秦艽种植的代表性主产区。宁蒗、福贡、兰坪等有栽培。

三、生长习性

粗茎秦艽喜潮湿和冷凉气候，耐寒，忌强光，怕积水。对土壤要求不严，但以疏松、肥沃的腐殖土和砂壤土为好；地下部分可忍受-20℃低温。在干旱季节易出现灼伤现象，特别是叶片，在烈日直射下易变黄和枯萎。每年从根茎部分生出一个地上茎，生长年限较长的地上茎多簇生。通常每年5月下旬返青，6月下旬开花，8月种子成熟，年生育期约100天左右。种子发芽宜在较低温度条件下萌发，发芽适温为20℃左右，而30℃高温则对种子萌发有明显的抑制作用。如用50～100毫克/升度赤霉素溶液浸种24小时，可明显促进种子萌发。种子寿命为1年。

四、栽培技术

（一）选地与整地

1. 选地

选择土层深厚、肥沃、质地疏松的砂壤土或腐殖质壤土，以生荒地或与禾本科作物轮作3年以上的地为宜。

2. 整地

于春季或秋季进行翻耕，耕深30厘米左右，拣去石块或树根；每亩施优质腐熟农家肥3000千克，过磷酸钙50千克，草木炭500千克；整平耙细，按宽100～120厘米做成畦，待播。

（二）播种

1. 种子繁殖

播种分春播和秋播。春播在3～4月进行。选取饱满成熟的种子，在整平的畦面上，按行距20～30厘米，开深3厘米、宽3厘米的浅沟，然后把拌细土的种子均匀地撒在沟内，覆一薄层细土，略加镇压，覆盖一层松毛，进行保墒遮阴，以促进种子萌发。秋播在8～9月播种，当年即能出苗，并长出两片叶子，可移栽。每亩用种量0.5～1千克。一般从播种到种子发芽大约需要1个月。（图2）

图2　种子育苗

2. 移栽

3月中旬移栽，留种田行距50厘米，株距30厘米，一般亩保苗4500株左右；大田栽培的行距25～30厘米，株距15～20厘米，一般亩保苗1.1万株左右。

（三）田间管理（图3）

1. 间苗

当苗高6～10厘米时，按株距12～15厘米进行均匀间苗，间苗后要适当浇水与追肥。

2. 中耕除草

每年2～3次，一般于5月中下旬进行第一次中耕除草，当年因幼苗细小，不便中耕，宜将地内杂草用手拔除，保持地无杂草。6月中下旬或7月上旬，再进行第二次除草。

图3　粗茎秦艽的大田栽培

3. 追肥

每年追肥2～3次，以农家肥为主，农家肥作为冬肥施入，每亩施入人粪尿1500～2000千克或腐熟油饼50～100千克，加水1500千克，稀释施用，化肥以三元复合肥为好，一般在植株封垄后趁雨或浇水时撒施，每亩30千克；第三次在开花期进行叶面喷施0.2%～0.5%磷酸二氢钾，每隔10天喷1次，喷施2～3次。

4. 剪除花茎

为保证地下根生长，除留种田外，于当年6～7月剪除花茎，以后每年5～6月份剪除花茎。

5. 排水

雨季应注意排水，防止烂根。

6. 种子收集

秦艽生长到第3年以后，大量开花结果。一般在9～10月，种子呈浅黄色时将果实带部分茎秆收获。置于通风处，后熟。待干后抖出种子，贮于干燥处。

（四）病虫害防治

1. 叶斑病

一般多于6～7月发生，为害叶片，严重时植株枯萎死亡。①清除病叶并集中烧毁；②发病初期可喷1：1.5：150的波尔多液，10天喷1次，连续3次，或用65%代森铵可湿性粉剂800倍液，每7天1次，喷洒2～3次。

2. 锈病

用粉锈宁25%可湿性粉剂30克兑水30千克防治，重复2～3次，间隔10～15天。

3. 叶斑病

可用代森锰锌70%可湿性粉剂175－225克兑水300倍～500倍防治。

4. 蚜虫

多于春末夏初发生，为害根部。发病期喷50%抗蚜威可湿性粉剂1500倍液，每隔15天用药1次，连续2～3次，效果明显。

五、采收加工

1. 采收（图4）

（1）采收期　播种后3～5年的9～11月，即植株地上部分枯萎后即可采挖。

（2）田间清理　采挖前将地上枯萎植株、杂草清除，集中运出种植地烧毁或深埋。

（3）采挖　从秦艽植株地上枯萎部分判断地下块根位置，用三（五）齿钉耙等农用工具沿厢横切面往下挖，尽量挖深一些，以免铲伤或铲断根，挖出后抖净泥土，拣出药材，装入清洁竹筐内或透气编织袋中。

图4　粗茎秦艽的新鲜药材

（4）分选及清洗　秦艽根运回后及时在加工场地摊开分选，清除感染病虫害，或有损伤的根；分选后用清水洗净，使根呈乳白色。用刀切去芦头，约留0.3～0.5厘米长。

2. 加工

将根放在专用场地或架子上晾晒，待根变软时，继续堆放3～7天进行"发汗"，至颜色呈灰黄色或黄色时，再摊开晒干即可。

六、药典标准

1. 药材性状

呈类圆柱形，上粗下细，扭曲不直，长10～30厘米，直径1～3厘米。表面黄棕色或灰黄色，有纵向或扭曲的纵皱纹，顶端有残存茎基及纤维状叶鞘。质硬而脆，易折断，断面略显油性，皮部黄色或棕黄色，木部黄色。气特异，味苦、微涩。

2. 检查

（1）水分　不得过9.0%。

（2）总灰分　不得过8.0%。

（3）酸不溶性灰分　不得过3.0%。

3. 浸出物

不得少于24.0%。

七、仓储运输

1. 仓储

药材仓储要求符合NY/T1056—2006《绿色食品贮藏运输准则》的规定。仓库应通风、干燥、阴凉、无异味、避光、无污染并具有防鼠、防虫的设施。仓库相对湿度45%～60%，温度控制在0℃～20℃；药材应存放在货架上，与地面距离15厘米、与墙壁距离50厘米，堆放层数为8层以内；药材贮存期应注意防止虫蛀、霉变、破损等现象发生，做好定期检查养护。

2. 运输

运输工具必须清洁、干燥、无异味、无污染、通气性好，运输过程中应防雨、防潮、防污染，禁止与可能污染其品质的货物混装运输；需有运输货单标明：品名、规格、数量、每件重量、批号、生产单位、到站（港）、收发货单位名称和指示标志。

八、药材规格等级

1. 一等

干货。呈圆锥形或圆柱形，有纵向皱纹，主根粗大似鸡腿、萝卜、牛尾状。表面黄棕色或棕色。质坚而脆，断面棕红色或棕黄色，中心土黄色。气特殊，味苦涩。芦下直径1.2厘米以上。无芦头、须根、杂质、虫蛀、霉变。

2. 二等

干货。呈圆锥形或圆柱形，有纵向皱纹，主根粗大似鸡腿、萝卜、牛尾状。表面灰黄色或黄棕色。质坚而脆，断面棕红色或棕黄色，中心土黄色。气特殊，味苦涩。芦下直径1.2厘米以下，最小不低于0.6厘米。无芦头、须根、杂质、虫蛀、霉变。

九、药用价值

秦艽主要含有龙胆碱A、B、C、龙胆次碱、秦艽丙素及龙胆苦苷等，其中龙胆碱A即为秦艽碱甲。近代药理研究表明，秦艽具有抗风湿、抗过敏性休克和组织胺的作用，以及解热、镇痛、增强药物的催眠、镇静及兴奋作用，促进肝糖原分解、降压和抑菌等作用。目前，秦艽一直用于风湿痹痛、筋脉拘挛、手足不遂等病症及用于退骨蒸潮热、清湿热等疾病。被作为治疗风湿性关节炎的主要药物之一，对风寒引起的周身疼痛及多年的风湿性腰腿疼痛等均有很好的止痛效果，临床上对于病毒性疾病、神经性疾病、呼吸道疾病、心脑血管等疾病也有较好的疗效。

参考文献

[1] 谢宗万. 中药材品种论述[M]. 上册. 上海：上海科学技术出版社，1990：163-170.

[2] 彭成. 中华道地药材[M]. 中册. 北京：中国中医药出版社，2011：2929-2941.

[3] 郭伟娜，魏朔南. 秦艽的生物学研究[J]. 中国野生植物资源，208，27（4）：1323-1328.

[4] 滕红梅，曹晓燕，王诘之. 不同培养条件及预处理对秦艽种植萌发的影响[J]. 种子，2008，27（11）：87-91.

[5] 李焘，张志勤，王诘之. 中药秦艽资源的开发利用与规范化种植研究[J]. 陕西农业科学，2006，（6）：36-38.

[6] 赵玮，漆燕玲，李玉萍，等. 秦艽人工驯化技术研究[J]. 中国中药杂志，2006，31（7）：600-601.

[7] 朱强，李小龙，郑紫燕，等. 药用植物秦艽的研究概述[J]. 农业科学研究，2008，29（3）：62-66.

（云南省农业科学院高山经济植物研究所　杨少华）

hong　hua

红花

红花为菊科植物红花*Carthamus tinctorius* L.的干燥花。

一、植物特征

红花为一年生草本，高50～100厘米。茎直立，上部分枝，全部茎枝白色或淡白色，光滑，无毛。中下部茎叶披针形、披状披针形或长椭圆形，长7～15厘米，宽2.5～6厘米，边缘大锯齿、重锯齿、小锯齿以至无锯齿而全缘，极少有羽状深裂的，齿顶有针刺，向上的叶渐小，披针形，边缘有锯齿，齿顶针刺较长。全部叶质地坚硬，革质，两面无毛无腺点，有光泽，基部无柄，半抱茎。头状花序多数，在茎枝顶端排成伞房花序，为苞叶所围绕，苞片椭圆形或卵状披针形，包括顶端针刺长2.5～3厘米，边缘有针刺，或无针刺，顶端渐长，有篦齿状针刺。总苞卵形，直径2.5厘米。总苞片4层，外层竖琴状，中部或下部有收溢，收缢以上叶质，绿色，边缘无针刺或有篦齿状针刺，顶端渐尖，收溢以下黄白色；中内层硬膜质，倒披针状椭圆形至长倒披针形，长达2.2厘米，顶端渐尖。全部苞片无毛无腺点。小花红色、桔红色，全部为两性，花冠长2.8厘米，细管部长2厘米，花冠裂片几达檐部基部。瘦果倒卵形，乳白色，有4棱，棱在果顶伸出，侧生着生面。无冠毛。花果期5～8月。（图1）

图1　红花植物图

二、资源分布概况

红花原产中亚地区。苏联有野生也有栽培，日本、朝鲜广有栽培。红花主产于河南、浙江、四川、河北、新疆、安徽等地，全国各地均有栽培。目前红花有新疆、云南两大主产区，新疆红花种植主要集中在新疆塔城、吉木萨尔和伊犁；云南红花主要种植在宾川县、巍山县、祥云县以及永胜县。甘肃酒泉市玉门市花海镇也是红花产区之一；安徽、河南、山东等内地，如今只有少数药农在坚持种植，大面积种植已不复存。

三、生长习性

红花喜温暖、干燥气候，抗寒性强，耐贫瘠。抗旱怕涝，适宜在排水良好、中等肥沃的砂壤土上种植，以油砂土、紫色夹砂土最为适宜。种子容易萌发，5℃以上就可萌发，发芽适温为15～25℃，发芽率为80%左右。植株生长最适温度为20～25℃，孕蕾开花期遇10℃左右低温，花器官发育不良，严重时头状花序不能正常开放，开放的小花也不能结实。红花适应性较强，在不同肥力的土壤上均可生长，合理施肥是获得高产的措施之一，土壤肥力充足，养分含量全面，获得的产量就高。生活周期120天。

四、栽培技术

（一）选地与整地

1. 选地

选择土层深厚，排灌方便，不积水，有机质含量高的壤土或砂壤土种植。前茬作物以玉米、棉花、水稻为好，忌连作。

2. 整地

作物采收后深翻地20～25厘米深，随时耙碎，施底肥每亩2000～3000千克，复合肥40千克，并深耕与土壤混匀，播种前再耙一次，使土壤细碎疏松。先沿田埂四周开沟后，每隔80厘米开厢，其厢面宽50厘米，沟宽30厘米，沟深25厘米。便于排水。

（二）播种

1. 播种方法

以春播或秋播为主，华北地区最适秋播，播种时间为秋分至霜降前后；长江以南和新疆西北地区秋播或春播均可。

2. 实时播种

永胜金沙江沿线的秋播红花一般在10月份，最佳播种时间为10月5～25日。播种过早，幼苗生长过旺，根部开裂，抗逆性差，病害重；播种过迟，生长势弱，产量低，且影响下季栽种。

3. 种子处理

晒种1天后浸泡8小时，捞出趁种子表皮水分未干前，以每千克种子拌敌克松或多菌灵20克进行消毒处理，待种子表皮水分干后立即播种。

4. 播种

在整平的厢面上将处理过的种子点于厢面，离厢沟边10厘米，每厢种2行，行距30厘米，穴距20厘米，每穴点种2粒，每亩用种量1千克。播种时种穴错位1/2，使种穴呈三角形。播种后根据田间土壤情况，酌情浸灌出苗水，以保出苗整齐。

（三）田间管理（图2）

1. 间苗补苗

红花播后10天左右出苗，当幼苗长出3～4片真叶时间去病苗、弱苗，每穴留1株，株距按20厘米定苗。缺苗处选择阴雨天补苗。

2. 中耕除草

一般进行三次，第一、二次与间苗同时进行，除松表土，第三次在植株郁闭之前进行，结合培土。

图2　红花的大田种植

3. 追肥

结合中耕除草进行追肥，追三次肥，在两次间苗后进行，每亩施人畜粪水400～750千克或尿素20千克，第二次追肥每亩应加入硫酸铵10千克或复合肥30千克，第三次在植株郁闭、现蕾前进行，每亩增施过磷酸钙15千克。

4. 排水灌溉

红花耐旱怕涝，一般不需浇水，幼苗期和现蕾期如遇干旱天气，要注意浇水，可使花蕾增多、花序增大、产量提高。雨季必须及时排水。

5. 种子收集

红花采完20天后，茎叶枯萎时，可收割植株，脱粒种子。

（四）病虫害防治

1. 根腐病

由根腐病菌侵染，整个生育阶段均可发生，尤其是幼苗期、开花期发病严重。发病后植株萎蔫，呈浅黄色，最后死亡。

防治方法 发病初期用70%敌克松或10%立枯灵600～800倍液进行防治。发现病株要及时拔除烧掉，防止传染给周围植株，在病株穴中撒一些生石灰，用50%的托布津1000倍液或浇灌病株。

2. 锈病

锈病孢子侵入幼苗的根部、根茎和嫩茎，形成束带，使幼苗缺水或折断，造成严重缺苗。随风传播的孢子常侵染红花的子叶、叶片及苞叶，形成栗褐色的小疱疹，破裂后散出大量锈褐色粉末，发病严重时，造成红花减产。

防治方法 ①选择地势高燥、排水良好的地块种植；②进行轮作栽培，使用不带菌的种子；③控制灌水，雨后及时排水，适当增施磷、钾肥，促使植株生长健壮；④红花收获后及时清园，集中处理有病残株；⑤在发病初期用0.2～0.3波美度石硫合剂，或20%三唑酮乳油1500倍液，或15%三唑酮可湿性粉剂800～1000倍液防治。

3. 黑斑病

病原菌为半知菌，在4～5月发生，受害后叶片上呈椭圆形病斑，具同心轮纹。

防治方法 清除病枝残叶，集中销毁；与禾本科作物轮作；雨后及时开沟排水，降低土壤湿度。发病时可用70%代森锰锌600～800倍液喷雾，每隔7天一次，连续2～3次。

4. 炭疽病

为红花生产后期的病害，主要为害枝茎、花蕾茎部和总苞。

防治方法 选用抗病品种；与禾本科作物轮作；用30%菲醌25克拌种5千克，拌后播种；用70%代森锰锌600～800倍液进行喷洒，每隔10天一次，连续2～3次。要注意排除积水，降低土壤湿度，抑制病原菌的传播。

5. 猝倒病

主要危害幼苗的茎或茎基部，初生水渍状病斑，后病斑组织腐烂或缢缩，幼苗猝倒。病菌侵入后，在皮层薄壁细胞中扩展，菌丝蔓延于细胞间或细胞内，后在病组织内形成卵孢子越冬。该病多发生在土壤潮湿和连阴雨多的地方，与其他根腐病共同为害。

防治方法 重病田实行统一育苗，无病新土育苗。加强苗床管理，增施磷钾肥，培育壮苗，适时浇水，避免低温、高湿条件出现。①采用营养钵育苗的，移栽时用15%绿亨1号450倍液灌穴。采用直播的可用20%甲基立枯磷乳油1000倍液或50%拌种双粉剂300克对细干土100千克制成药土撒在种子上覆盖一层，然后再覆土。②出苗后发病的可喷洒72.2%普力克水剂400倍液或58%甲霜灵锰锌可湿性粉剂800倍液、64%杀毒矾可湿性粉剂500倍液、72%克露可湿性粉剂800～1000倍液、69%安克·锰锌可湿性粉剂或水分散粒剂800～900倍液。

6. 钻心虫

对花序危害极大，一旦有虫钻进花序中，花朵死亡，严重影响产量。

防治方法 在现蕾期应用甲胺磷叶面喷雾2～3次，把钻心虫杀死。在蚜虫发生期，可用乐果1000倍喷雾2～3次，可杀死蚜虫。

五、采收加工

1. 采收

（1）采收期 南方栽植红花5～6月份开花，北方8～9月份开花，进入盛花期后，应及时采收红花。

（2）采收 红花满身有刺，给花的采收工作带来麻烦，可在清晨露水未干时采收，此时的刺较软，有利于采收工作。

2. 加工

花丝采收后摊薄晾于通风透光处，让其氧化成熟，随时翻动，防止霉变。也可用文火焙干，温度控制在45℃以下，未干时不能堆放，以免发霉变质。

六、药典标准

1. 药材性状

本品为不带子房的管状花，长1～2厘米。表面红黄色或红色。花冠筒细长，先端5裂，裂片呈狭条形，长5～8毫米。雄蕊5，花药聚合成筒状，黄白色；柱头长圆柱形，顶端微分叉。质柔软。气微香，味微苦。（图3）

图3　红花药材

2. 鉴别

本品粉末橙黄色。花冠、花丝、柱头碎片多见，有长管道状分泌细胞，常位于导管旁，直径约至66微米，含黄棕色至红棕色分泌物。花冠裂片顶端表皮细胞外壁突起呈短绒毛状。柱头及花柱上部表皮细胞分化成圆锥形单细胞毛，先端尖或稍钝。花粉粒类圆形、椭圆形或橄榄形，直径约至60微米，具3个萌发孔，外壁有齿状突起。草酸钙方晶存在于薄壁细胞中，直径2～6微米。

3. 检查

（1）杂质　不得过3%。

（2）水分　不得过13.0%。

（3）总灰分　不得过15.0%。

4. 浸出物

不得少于30.0%。

七、仓储运输

1. 仓储

药材仓储要求符合NY/T1056—2006《绿色食品贮藏运输准则》的规定。仓库应通风、干燥、阴凉、无异味、避光、无污染并具有防鼠、防虫的设施。仓库相对湿度45%～60%，温度控制在0～20℃之间；药材应存放在货架上，与地面距离15厘米、与墙壁距离50厘米，堆放层数为8层以内；药材贮存期应注意防止虫蛀、霉变、破损等现象发生，做好定期检查养护。

2. 运输

运输车辆的卫生合格，温度在16～20℃，湿度不高于30%，具备防暑防晒、防雨、防潮、防火等设备，符合装卸要求；进行批量运输时应不与其他有毒、有害、易串味物质混装。

八、药材规格等级

1. 一等

干货。管状花皱缩弯曲，成团或散在。表面深红、鲜红色，微带淡黄色。质较软，有香气，味微苦、无枝叶、杂质、虫蛀、霉变。

2. 二等

干货。管状花皱缩弯曲，成团或散在。表面浅红、暗红或黄色。质较软，有香气，味微苦、无枝叶、杂质、虫蛀、霉变。

九、药用食用价值

1. 临床常用

（1）红花可用于气血瘀滞、闭经、痛经，对妇科良性肿瘤如子宫肌瘤引起的腹痛也有一定的止痛作用，有活血通经的作用，常与当归、川芎、桃仁、丹皮同用，其中，当归有养血作用，川芎活血，丹皮也有活血祛瘀的作用。煎服。红花的常用剂量一般是3～9克。

（2）红花还可用于外伤引起的疼痛，有去瘀止痛的作用，常与桃仁一起使用，煎服。红花治疗外伤的时候还可以外擦应用，如外伤后经常擦用的正红花油里面含有红花、血竭、松节油、辣椒油等，正红花油在治疗外伤的时候，要轻轻按揉，一直到皮肤发热为止。

（3）红花还可用于治疗眼睛红肿、急性结膜炎（红眼病），通常和清热泻火药一痛合用，如大黄、生地黄、连翘等。红花使用的时候，一定要掌握好剂量，少量的红花有养血的作用，如果使用大剂量的红花则可以活血破血的作用，对外伤引起的瘀血肿胀有效。

（4）用干红花泡水喝有扩张冠状动脉的作用，能改善心脏的供血，有降压的作用。对大脑细胞的供血也有好处。红花在扩张血管时可以和川芎、银杏叶一起合用。川芎活血，银杏叶降血脂。

2. 食疗及保健

（1）活血化瘀　将红花、绿茶放入有盖杯中，用沸水冲泡。冲泡3～5次饮用。

（2）养血活血　红花12克、黑豆200克、红糖100克。红花、黑水煎，去红花后，加入红糖，食豆饮汤。每日1次。

（3）温经活血　红花、肉桂各10克，放入白酒500毫升中，浸泡1天即可。

（4）促进血液循环　红花一小把，用纱布包好煮水，一天2次泡脚，可促进血液循环。

（5）消食化积　红花6克、生山楂100克，砂糖适量。将山楂洗净、去核，锅中加入清水、山楂肉、红花，用大火烧开后，改用小火煮至熟烂，调入砂糖即可。

（6）活血通经　红花6克、桃仁10克、大米50克、红糖适量。先将桃仁捣烂成泥，与红花一起煎煮，取汁。再同大米煮为稀粥，加红糖调味，每日趁热喝2次。

（7）治痛经　红花、当归、生地黄、牛膝各9克，桃仁12克，枳壳、赤芍、甘草各6克，柴胡3克，桔梗、川芎各45克。水煎，去渣，取汁，温服。

参考文献

[1]　谢宗万. 中药材品种论述[M]. 上册. 上海：上海科学技术出版社，1990：84–86.

[2]　彭成. 中华道地药材[M]. 下册. 北京：中国中医药出版社，2011：3611–3626.

[3]　高学敏. 中药学[M]. 北京：中国中医药出版社，2012.

[4]　张兆麟，子炳烈，李宗林. 永胜县秋播红花栽培技术研究[J]. 云南农业科技. 2008（4）：21–23

[5]　薛琴芬，岑科. 红花栽培管理与病虫害防治[J]. 特种经济动植物，2008，（1）：34–35.

[6]　张兆麟. 永胜县秋播红花栽培技术[J]. 农业科技通讯，2007，（1）：35–36.

[7]　张兆麟，子炳烈，李宗林，等. 永胜县秋播红花规范栽培技术研究与应用[J]. 农业科技通讯. 2013，（5）：196–199.

（云南省农业科学院高山经济植物研究所　杨少华）

白及

本品为兰科植物白及*Bletilla striata*（Thunb.）Reichb. f .的干燥块茎。

一、植物特征

　　白及是多年生草本，高20～50厘米。假鳞茎扁平，卵形，有时为不规则圆筒形，直径约1厘米，有线状须根。叶3～6厘米，阔披针形至长圆状披针形，长15～40厘米，宽2.5～5厘米，全缘，向上端渐狭窄，基部有管状鞘，环抱茎上。总状花序顶生，有花4～10朵，长4～12厘米，花序轴蜿蜒状；苞片长圆状披针形，长1.5～2.5厘米，早落；花玫瑰紫色，直径3～4厘米，萼片长圆状披针形，长约2.5厘米，花瓣长圆状披针形，长约2.5厘米，唇瓣倒卵形，内面有纵线5条，上部3裂，中间裂片长圆形，边缘波纹状；雄蕊与花柱合成一蕊柱，和唇瓣对生，花粉块长圆形。蒴果，圆柱状。长约3.5厘米，直径约1厘米，有纵棱6条；种子微小，多数。花期4～6月；果期7～9月。（图1）

图1　白及植物图

二、资源分布概况

　　白及野生资源分布于陕西南部、甘肃东南部、江苏、安徽、浙江、江西、福建、湖北、湖南、广东、广西、四川和贵州。生于海拔100～3200米的常绿阔叶林下，栎树林或针叶林下、路边草丛或岩石缝中，朝鲜半岛和日本也有分布。

　　白及野生资源已相当稀少，现以人工栽培为主，贵州、四川、云南等省区为主要栽培产区。云南有着优良的生态环境和立体气候资源，栽培白及产量较高，质量较优，白及块茎个大、饱满、色白、质坚实。2017年云南省白及种植面积已达8万多亩，亩产干品达600千克以上，普洱、丽江、大理、楚雄、文山、曲靖等地已成为白及主要栽培产地。此外，白及代用品小白及、黄花白及、华白及、独蒜兰等在云南及周边省区也有少量种植。

三、生长习性

　　白及喜温暖、湿润、阴凉的气候环境，常野生于海拔500～2600米的山坡、丘陵、低山溪谷边及阴蔽草丛中或林下湿地。白及不耐寒、不耐旱，怕涝，在年平均气温15～18℃，空气相对湿度75%～85%，环境中生长良好，低于12.5℃则生长不良，冷害和寒害常会导致白及死亡。土壤以肥沃、疏松、排水良好的砂壤土或腐殖质土为宜。

　　白及在早春3月气温达14℃时开始萌动出苗，展叶，4～6月开花，气温未达年最高温时进行快速生长期。7～8月进入盛夏高温时生长缓慢。蒴果开始逐渐成熟，9月底蒴果开始掉落。10月中、下旬部分叶片开始发黄枯死。

四、栽培技术

（一）种植材料

　　白及种植材料为种子和块茎，生产中以地下块茎无性繁殖为主，选择带嫩芽，残茎较粗，无破损、无病虫害，中等大小的块茎；种子有性繁殖以植株生长健壮、无病虫害、生长整齐一致植株的成熟种子作为种植材料。

（二）选地与整地

1. 选地

　　选排水良好的山地阴坡种植，要求土层深厚，土质肥沃、疏松、排水良好、富含腐殖质的砂质壤土或腐殖质壤土。

2. 整地

深耕土壤30～40厘米，捡去石块残桩，将地中的杂草等集中烧掉，耙细土壤，施普钙50千克/亩，腐熟农家肥2000千克/亩做基肥，浅耕一次，使肥料翻入土内，平整畦面，起宽1.3米，高20～25厘米的高畦。理好周围的排水沟。

（三）播种

1. 无性繁殖

于春季2～3月或秋季9～10月采收白及时，选取当年具有老秆及嫩芽的假鳞茎作种，此时老茎已经倒苗，地下鳞茎饱满，养分储存充分，移植成活率高。块茎要无病害虫蛀，无采挖伤口。中小块茎直接种植，大块茎可切成小块，每块带1～3个芽，切好的块茎稍晾干或蘸草木灰后栽种。在采挖种苗的过程中，尽量不要伤及新芽和须根，若严重折断新芽，则来年不会出苗，直到第三年才能生芽出苗。种苗采挖过程中芽被损伤的白及应采取催芽措施。将白及堆放在地上，表层撒上少许水，以表层打湿为准，表面上盖一层地膜或塑料布，放置10～20天，每天翻看观察发芽及腐烂情况。根据干湿情况合理洒水通风。当芽长出1厘米左右时，准备播种。催芽技术难以掌握，刚开始做时应小堆堆放，勤观察。

种植时应穴种或条种，穴种可按穴距25～30厘米、穴深8～12厘米挖穴；每穴种植种茎3个，每个种茎上的新芽嘴向外，呈三角形错开。白及放入穴中后，用拌有有机肥的细土覆盖，再用松针覆盖与畦面持平，用于保湿。条种时按行距25厘米开条沟，沟深8～12厘米、宽5厘米，再按株距15厘米放入种块。可撒上拌有人畜粪水的草木灰或经加工的有机肥少量，然后盖土与畦平。每亩约需种苗10 000株左右。

2. 有性繁殖

白及蒴果7～9月成熟，果实内种子较多，细小，粉尘状，无胚乳，仅有由数量极少的几个细胞组成的原胚，发芽率低，且需要有较高的温度、湿度等发芽条件，管理要求精细，目前部分种植大户在生产中推广应用。

3. 组培苗

将成熟而未开裂的白及蒴果在无菌条件下获得种子，通过实验室培养基培养，快繁出组培苗，并诱导根系，形成完整的再生植株，经半年左右的炼苗后移植于土壤中，育苗成本较高。种植方法一般采取条种，方法同块茎种植。（图2）

图2　白及的组培育苗

（四）田间管理（图3）

（1）中耕除草　白及地易滋生杂草，一般每年除草3～4次，第一次在4月左右白及苗出齐后，第二次在6月白及生长旺盛期，第三次在8～9月，第四次可在间种作物收获时结合清洁田园。中耕宜浅，以免伤根。

（2）追肥　白及是浅根性植物，喜肥，结合中耕除草，每年施肥3～4次。第一次于3～4月，施稀薄的人畜粪尿，每亩施1500～2000千克。第二次于生长旺盛期，施复合肥20千克。第三次于8～9月，喷施0.2%磷酸二氢钾。

图3　白及大田栽培

（3）排灌水　白及喜湿怕涝，冬春季干旱时，要及时浇水；雨季要及时排涝。

（4）越冬保护　白及不耐寒，应做好冬季防寒抗冻措施，盖草或覆土防寒，待春季出苗时揭去盖草。

（5）遮阴　白及喜阴凉环境，在低海拔阳光直射地区，可在畦的两边种上玉米，防日灼。套种玉米以2～3月套种较好，太早霜冻不利于玉米生长，太迟起不到遮阴的作用。玉米套种的株行距为75厘米×50厘米。采取套袋育种的方法最好，玉米育种后再移栽到白及地里，下雨天或阴天移栽成活率最高。有条件的也可架设荫棚。（图4）

图4　玉米和白及套种

（五）病虫害防治

1. 根腐病

防治方法　多雨季节要特别注意排涝防水。栽种前种块用50%百菌清500倍液浸种20～30分钟进行消毒；发病期用70%甲基托布津1000倍液，或用75%百菌清1000倍液浇灌病株根部。

2. 小地老虎

防治方法　及时清除杂草，防止地老虎成虫产卵。病严重时，用75%辛硫磷乳油700倍液浇灌植株周围及土面，或用麦麸、豆饼等50千克炒香，加90%敌百虫诱杀。

五、采收加工

1. 采收

白及秋种的第4年，春种的第3年10～11月，当其茎叶枯黄便可采收。采挖时，先割除白及的枯黄茎叶，慢慢从种植地块边缘依次开挖，小心去泥后运至集散地堆放；把采集好的白及放在水泥地上，去其粗皮、泥土。（图5）

图5　白及的新鲜鳞茎

2. 加工

除去根须，洗净，置沸水中煮5～10分钟，或蒸至无白心，晒至半干，除去外皮，晒干。

六、药典标准

1. 药材性状

本品呈不规则扁圆形，多有2～3个爪状分枝，少数具4～5个爪状分枝，长1.5～6厘米，厚0.5～3厘米，表面灰白色至灰棕色，或黄白色，有数圈同心环节和棕色点状须根痕，上面有突起的茎痕，下面有连接另一块茎的痕迹。质坚硬，不易折断，断面类白色，角质样。气微，味苦，嚼之有黏性。

2. 鉴别

本品粉末淡黄白色。表皮细胞表面观垂周壁波状弯曲，略增厚，木化，孔沟明显。草酸钙针晶束存在于大的类圆形黏液细胞中，或随处散在，针晶长18～88微米。纤维成束，直径11～30微米，壁木化，具人字形或椭圆形纹孔；含硅质块细胞小，位于纤维周围，排列纵行。梯纹导管、具缘纹孔导管及螺纹导管直径10～32微米，糊化淀粉粒团块无色。

3. 检查

（1）水分　不得过15.0%。

（2）总灰分　不得过5.0%。

（3）二氧化硫残留量　不得过400毫克/千克。

七、仓储运输

1. 仓储

药材仓储要求符合NY/T1056—2006《绿色食品贮藏运输准则》的规定。仓库应具有防虫、防鼠、防鸟的功能；要定期清理、消毒和通风换气，保持洁净卫生；不应与非绿色食品混放；不应和有毒、有害、有异味、易污染物品同库存放；在保管期间如果水分超过14%、包装袋打开、没有及时封口、包装物破碎等，导致白及吸收空气中的水分，发生返潮、结块、褐变、生虫等现象，必须采取相应的措施。

2. 运输

运输车辆的卫生合格，温度在16～20℃，湿度不高于30%，具备防暑防晒、防雨、防潮、防火等设备，符合装卸要求；进行批量运输时应不与其他有毒、有害、易串味物质混装。

八、药材规格等级

（1）大选个　1厘米以上的个重量占比不低于90%，无干瘪个、须根和杂质。

（2）小选个　干瘪个不超过10%，无须根、杂质。

（3）统个　干瘪个不超过80%，须根、杂质不超过5%。

（4）选片　1厘米以上的片重量占比不低于60%，须根、杂质不超过3%。

（5）白统片　1厘米以上的片重量占比不低于30%，须根、杂质不超过5%，颜色灰白色。

（6）统片　须根、杂质不超过10%，颜色黄棕色和灰褐色。

九、药用保健价值

白及鲜鳞茎含水分14.6%、淀粉30.48%～61.36%，葡萄糖1.5%。富含白及甘露聚糖。由于白及鲜鳞茎黏性很强，在工业上可作糊料、浆丝绸、浆纱或作涂料等原料；还可酿酒，每50千克原料可出45°白酒16～17千克。白及含有丰富的挥发油及黏液质等成分，具有美白祛斑的功效，磨成粉外用涂擦，可以消除脸上痤疮留下的痕迹，滋润、美白肌肤，起到美容的效果。

（一）药用价值

1. 收敛止血

白及的止血作用，是因为它能增强血小板因子活性，在较短时间内凝血，使得凝血酶快速生成，同时抑制纤维蛋白溶酶活性，可以起到局部止血的作用。在医药上白及具有收敛止血、消肿生肌的功效。白及止血效果好，现在将白及所制胶膜块，用于肝脾手术，代替血钳等，效果好。

白及的收敛止血功效，可以用于咯血、吐血、外伤出血、肺结核咯血、溃疡出血等症状。白及的止血与三七的止血不一样。白及是收敛止血，而三七是散瘀止血，在出血症的治疗上，以三七效果为佳。

2. 补肺

白及味苦、甘而涩，性微寒，入肺经，具有补肺的功效，对治疗肺痿肺烂、肺结核有一定的效果。对阴虚咳嗽、肺热咳嗽、百日咳、肺结核咳嗽以及其他难治性咳嗽都有良好止咳作用。

3. 消肿生肌

白及具有消肿生肌的功效，能治疗生疮出血、溃疡、痈疽肿毒、手足皲裂、肛裂、疮疡等。

4. 抗菌、抗溃疡

随着现代药理学的研究不断深入，发现白及对结核杆菌、肿瘤细胞等有明显抑制作用；白及对于革兰阳性菌、葡萄球菌、链球菌等有抑菌作用；白及具有抗胃溃疡的作用，能形成保护膜，从而起到防止胃部感染的作用，促使溃疡面愈合。

（二）常见药用配方

（1）白及治肺痿肺烂　猪肺一具，白及片一两，将猪肺挑去血筋血膜，洗净，同白及入瓦罐，加酒煮热，食肺饮汤，或稍用盐亦可。或将肺蘸白及末食更好（《喉科心法》白及肺）。

（2）白及治肺痿　白及、阿胶、款冬、紫苑等份。水煎服（《医学启蒙》白及散）。

（3）白及治肺热吐血不止　白及研细末，每服二钱，白汤下（《本草发明》）。

（4）白及治咯血　白及一两，枇杷叶（去毛，蜜炙）、藕节各五钱。上为细末，另以阿胶五钱，锉如豆大，蛤粉炒成珠，生地黄自然汁调之，火上炖化，入前药为丸如龙眼大。每服一丸，嚼化（《证治准绳》白及枇杷丸）。

（5）治发背搭手　白及五钱（炙，末），广胶一两（烊化）。和匀，敷患处，空一头出气，以白蚕皮贴之（《卫生鸿宝》白及膏）。

参考文献

[1] 中国植物志编委会. 中国植物志（第八卷）[M]. 北京：科学出版社，1999.

[2] 芦金清，张正东. 白及胶的实验研究[J]. 中成药，1996，18（12）：2-3.

[3] 张亦诚. 白及的生物特性及栽培技术[J]. 中药材，2007，10：52.

[4] 韩学俭. 白及药用及其栽培技术[J]. 农村经济与科技，2004，15（10）：31-32.

[5] 李伟平，田莎莎，鲁光耀，等. 利用人工种子技术快速繁殖白及[J]. 中国中药杂志，2012，37（22）：3386-3390.

[6] 孟彪，苗桂林，许东东，等. 白及组培苗移栽技术研究[J]. 辽宁中医药大学学报，2014，16（02）：56-58.

[7] 龚晔，景鹏飞，魏宇昆，等. 中国珍稀药用植物白及的潜在分布与其气候特征[J]. 植物分类与资源学报，2014，36（02）：237-244.

[8] 任风鸣，刘艳，李滢，等. 白及属药用植物的资源分布及繁育[J]. 中草药，2016，47（24）：4478-4487.

[9] 牛俊峰，王喆之. 白及种子直播繁育新方法[J]. 陕西师范大学学报（自然科学版），2016，44（04）：83-86.

（云南省农业科学院高山经济植物研究所　陈翠）

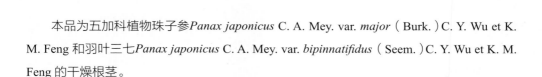

珠子参

本品为五加科植物珠子参*Panax japonicus* C. A. Mey. var. *major*（Burk.）C. Y. Wu et K. M. Feng 和羽叶三七*Panax japonicus* C. A. Mey. var. *bipinnatifidus*（Seem.）C. Y. Wu et K. M. Feng 的干燥根茎。

一、植物特征

珠子参为多年生草本，高30～100厘米。根状茎串珠状，节间细长如绳。有时部分结节密生呈竹鞭状。根通常不膨大，纤维状，稀侧根膨大成圆锥状肉质根。茎单一，平滑，圆柱形，具纵纹。掌状复叶3～7枚轮生于茎顶，叶柄细，长9～11厘米；小叶3～7，椭圆形或卵状椭圆形，长5～13（～25）厘米，顶端长渐尖或短尖，基部楔形、圆形或近心形，边缘有细锯齿、重锯齿或缺刻状锯齿，两面无毛或脉

图1　珠子参植物图

上疏生刚毛，最下2片小形，倒卵形至倒卵状椭圆形；小叶柄长5～15毫米。伞形花序单生茎顶，有时其下有1至多个小伞形花序；总序轴细长；花萼绿色，钟状，顶端5齿裂；花瓣5，淡黄绿色，卵状三角形；雄蕊5，与花瓣几等长；子房下位，2室，稀4室，花柱通常2，稀4，分离。核果浆果状，球形，熟时红色，顶端有黑色斑块，种子1～5颗。花期6～8月，果期8～9月。（图1）

羽叶三七为多年生草本，高30～80厘米。根状茎稀疏串珠状，偶为竹鞭状或串珠状与竹鞭状混合型。茎单生，直立，基部偶有鳞片。掌状复叶3～6枚轮生茎顶；小叶5～7，薄膜质，长椭圆形，二回羽状深裂，稀一回羽状深裂，长3～9厘米，宽2～4厘米，顶端长渐尖，基部楔形下延，裂片具不整齐小裂片和锯齿，上面脉上疏生刚毛；叶柄长5～13厘米压扁状，疏生刚毛；小叶柄短或长至2厘米疏生刚毛。伞形花序单生茎顶，其下偶有一至

数个侧生小伞形花序；花小，淡绿色；萼筒边缘有5个小齿；花瓣5；雄蕊5，子房下位，2室，稀3～4室，花柱2～4，分离或基部合生；花盘肉质，环形。核果状浆果扁球形，熟时红色，顶端有黑点，种子2～4颗。（图2）

二、资源分布概况

珠子参分布于甘肃、陕西、宁夏、山西、河南、安徽、湖北、湖南、浙江、江西、福建、广西等省及我国西南地区，越南、尼泊尔、缅甸、日本、朝鲜等国

图2　羽叶三七

家也有分布。羽叶三七分布于陕西、甘肃、湖北、四川、云南、西藏等省（自治区），尼泊尔、印度、缅甸也有分布。由于生态环境的破坏和对野生资源的过量采集，在一些区域珠子参已难觅踪迹。目前野生珠子参主要分布于云南、西藏、四川等地，生于海拔2200～4000米间山坡竹林下、杂木林中或沟边。

珠子参是全国部分地区中医和云南少数民族群众的传统用药，是云南较名贵而又常用中药之一。近年珠子参商品主产于云南，陕西、四川等地也有少量出产，商品来源主要为野生资源。

三、生长习性

珠子参为高山药材，喜温凉湿润的生态环境。抗寒力强，忌强光直射，惧高温，怕涝。在云南种植最适宜海拔为2600～3000米，年均温度6～12℃，降雨量900～1400毫米，土壤中性或偏酸性（pH值为5.5～6.5）。种植时选择腐殖质深厚、肥沃疏松的棕壤、灰黑壤、黄壤土。珠子参地下根茎在9月左右形成越冬芽，地上植株倒伏后越冬芽一直在生长分化，在零下20℃气温下可安全越冬，到4月初完成了花芽、叶的分化，5月出苗时茎叶中心已带有花蕾组织。珠子参5～10月适宜生长温度16～23℃，植株生长速度随着温度升高而加快，当气温超过28℃时，植株地上部分生长受到抑制，茎叶会出现萎缩下垂现象。

四、栽培技术

（一）种植材料

珠子参可采用种子繁殖和根状茎无性繁殖。种子繁殖一般选择5年以上健壮植株，于开花期去除侧花序，只留主花薹，果实成熟变红后分批采收，并及时洗搓除去果肉，选择饱满种子，直播或用湿沙拌种低温保存。无性繁殖选择无病虫害根茎作为种植材料。

（二）选地与整地

1. 选地

选择有一定坡度（坡度小于40°）的山地或林地、草地，排灌方便，避免选择8年内种过人参属植物的地块。土壤应为土层深厚、腐殖质含量高、疏松透气的中壤土或砂壤土，pH值中性偏微酸性，最好选择湿润不积水的夜潮土种植。

2. 整地

土地选好后，于秋冬季深翻2～3次，进行晾晒，每次翻耕间隔15天左右。耕深30厘米左右，最后一次翻耕加入山基腐殖土或腐熟过的农家肥、堆肥，根据地力条件亩施4000～6000千克，耙细、耙均，顺坡做成宽1.2厘米的厢，沟深20～25厘米。

（三）栽培技术

1. 种子直播

珠子参种子具有后熟现象，冬季需要保湿贮存。种子于8月采收后，种胚在10～15℃条件下需要三个月左右的后熟时间，再经过2个月0～5℃低温条件即可破口出苗。直接播种让种子在自然条件下越冬解除休眠，或湿沙贮藏后秋播或春播。（图3）

（1）直播　珠子参果实成熟后，清洗去果皮和果浆，再用水漂洗去除瘪种和杂质。种子洗好后，晾干水分，拌少量细土或过筛山基腐殖土，条播或撒播，撒种量每平方米400～500粒，播后盖细土或过筛山基腐殖土4～5厘米，最后覆盖2～3厘米厚的松针、落

图3　珠子参种子直播育苗

叶，使土壤保持湿润。珠子参种子在土温10℃以上开始萌芽，18～28℃为发芽较适温度，气温在18～20℃，播种后20天左右开始出苗。5月出苗前，搭建遮阴网。珠子参种子在土壤中自然过冬后，5月中下旬开始出苗，当年株高达10～15厘米，地下部分可以形成1～2克珠串根茎；第2年株高15～25厘米，地下形成2～5克根茎；第3年株高20～30厘米，地下形成5～8克根茎，球形珠子生物量占地下部分的50%～70%。

（2）春播　种子选净后将湿润河沙与种子混合（种子：河沙=1：4），装入布袋中。于室外不积水的湿润阴凉处挖深约80～100厘米左右的坑，放入布袋盖土20～30厘米压实，上覆落叶枯枝松针，防止人畜践踏。一个月左右检查一次种子保湿和病害情况，如有异常及时处理。种子冬季也可放0～5℃条件下储藏，在来年2～3月取出播种，出苗更整齐。

（3）秋播　种子8月采收后，选择阴凉、通风的房间或地下室，将种子和湿沙混合后放入花盆中，贮藏至10～11月播种，种子在土中自然越冬，冬季保持田间湿润。种子冬季也可放冰箱，于0～5℃条件下储藏，在来年2～3月取出播种。

2. 种子育苗移栽

种子采收后可直接播种育苗或贮藏后秋播、春播。苗床土壤细碎，播种前每亩施腐殖土或腐熟农家肥3000～4000千克，复合肥20～30千克，与深10厘米左右的表土层拌匀。苗床可理成宽1.5厘米的厢，厢边土壤培高1～2厘米。种子均匀撒播后覆土4～5厘米，最后覆盖2～3厘米厚的松针或山基腐殖土。

珠子参种子集中育苗移栽需在育苗2年后才能进行，一般适宜于10月移栽，也可在雨季6～7月移栽。在整平耙细的栽植地上，将种苗按行株距20厘米×10厘米三角形错开挖穴，穴深5厘米。然后，每穴栽入种苗1～3株，栽后边覆土边压紧，然后盖土至满穴即可。

3. 无性繁殖

10月下旬至11月上旬，选择无病害的珠子参地下根茎，剪成5～10厘米小段，每段尽量带一球形珠子，球形较大的珠子可摘除作为商品，剪口用灶灰涂抹。

珠子参每年只产生一段膨大的根茎（球形珠子），4年生以上根茎萌芽率低，不宜作为繁殖材料。将1～3年生根茎从愈缩茎的节间处切断作为繁殖体，可采用100毫克/升赤霉素浸泡根茎30分钟，稍晾干后播种。根茎一般采挖后直接分段种植，如果需要保存一段时间，可用腐殖土保湿，保存过程中不要碰断小珠芽。

种植时在厢面上开条形沟，深4～5厘米，按行距15～20厘米，株距10～15厘米把块根播于沟内，芽头保持同一深度，然后耙平厢面。种植时厢面呈弓背形，中间稍高，两边低，以利于排水。种植后可盖一层山基腐殖土或松针保湿保温。翌年4～5月即可出苗。

（四）田间管理（图4）

1. 间苗补苗

用种子直接播种的珠子参，一般可用第二年苗进行间苗补苗。间苗补苗时种苗高度在7厘米以上容易成活，应在阴雨天或傍晚进行，每穴留苗补苗2～3株。

2. 中耕除草

珠子参苗期生长缓慢，植株弱小，杂草对其生长影响较大。可适当覆盖松针或有机肥，以减缓杂草生长速度。杂草要拔早拔小，保持厢面及沟中无杂草，一般2周拔草一次。第二年后可适当减少拔草次数。结合拔草可适当松土，但需避免伤害叶片及根系。

3. 水分管理

珠子参生长需要阴湿的环境，需全年保持土壤湿润，同时忌积水。雨季需及时清沟排

图4　珠子参大田种植

水或拉网通风。冬春气候干燥，可加盖覆盖物2～5厘米，同时根据土壤墒情及时喷水保湿，以少浇勤浇为宜，避免大水漫灌造成厢面积水从而导致根茎腐烂。

4. 遮阳追肥

珠子参5月出苗，出苗第1年用50%的遮阳网进行遮阴，第2年开始用30%的遮阳网进行遮阴。

苗高3～5厘米时，每亩施复合肥15～20千克，7～8月每亩施腐熟农家肥1500～2000千克，一般于阴雨天施入行间，适当盖土。花果期可用磷酸二氢钾喷施，浓度0.2%左右。

5. 摘花

珠子参具有茎、叶、花同时形成的特点，花序在土中形成，苗带着花序出土，为集中养分供给地下根茎生长，见花序后可摘除花薹。

6. 培土

珠子参种植海拔较高，每年秋冬季可进行培土防寒防冻。地上部分枯萎后，可培土10厘米左右或覆盖腐殖土。

（五）病虫害防治

（1）根腐病　植株地下部分腐烂，地上部分微黄萎蔫，后期植株倒伏。病害易在高湿高温条件下发生，种植地注意排水通风，移栽时每亩施生石灰80～100千克预防。发病期用70%甲基托布津800倍液，或用75%百菌清800倍液浇灌病株根部。

（2）病毒病　为害叶片，被害叶片呈花叶状或卷曲皱缩。种植时选择健康无病植株，及时拔除病株，清除田间杂草。发病期每亩用20%病毒A可湿性粉剂100克兑水50千克，喷雾。

（3）白粉病　白粉病发生在叶、花梗等部位。染病部位变成灰色，连片覆盖其表面，边缘不清晰，呈污白色或淡灰白色。从出苗期开始喷1∶1∶100的波尔多液，每隔半月喷1次，连续3～4次；发病时，可喷15%粉锈宁1000倍液，也可用35°白酒1000倍液，每3～6天喷一次，连续喷3～6次，冲洗叶片到无白粉为止。

（4）锈病　叶正面受害部位产生不同颜色的小疱点或病斑，叶背面有淡黄色疱状隆起。疱状斑点表皮破裂后散发出黄粉。锈病以冬孢子在病残体上过冬，高温高湿易发病。秋冬季彻底清理珠子参枯枝残体，集中深埋或烧毁；严格实行轮作；发病初期喷25%粉锈灵500倍液，每隔7～10天喷1次，连续2～3次。

（5）虫害　地老虎和蛴螬会咬食珠子参根茎。防治措施：整地作畦时，每亩撒施5%辛硫磷颗粒剂2千克进行土壤消毒杀虫处理，地老虎严重时，可用75%辛硫磷乳油700倍液浇灌植株周围及土面；或用糖醋酒加80%敌百虫可溶性粉剂、50%辛硫磷乳油诱杀，傍晚进行。

五、采收加工

1. 采收

珠子参种子直播种植6年后，根茎种植3～4年后，在10月下旬至11月上旬地上部茎叶枯萎时采挖。选晴天挖起全株，除去泥沙，剪去茎秆和须根。（图5）

2. 加工

除去粗皮和须根，干燥；或蒸（煮）透后干燥。

图5　珠子参新鲜药材

六、药典标准

1. 药材性状

本品略呈扁球形、圆锥形或不规则菱角形，偶呈连珠状，直径0.5～2.8厘米。表面棕黄色或黄褐色，有明显的疣状突起和皱纹，偶有圆形凹陷的茎痕，有的一侧或两侧残存细的节间。质坚硬，断面不平坦，淡黄白色，粉性。气微，味苦、微甘，嚼之不刺喉。（图6）

2. 鉴别

木栓层为数列木栓细胞。皮层稍窄，

图6　珠子参干燥药材

有分泌道，呈圆形或长圆形，直径32～500微米，周围分泌细胞5～18。韧皮部分泌道较小。形成层断续可见。木质部导管呈放射状或呈"V"字形排列；导管类多角形，直径约至76微米。射线宽广。中央有髓。薄壁细胞含淀粉粒，有的含草酸钙簇晶。

3. 检查

（1）水分　不得过14.0%。

（2）总灰分　不得过7.0%。

七、仓储运输

1. 仓储

药材仓储要求符合NY/T1056—2006《绿色食品贮藏运输准则》的规定。仓库应具有防虫、防鼠、防鸟的功能；要定期清理、消毒和通风换气，保持洁净卫生；不应与非绿色食品混放；不应和有毒、有害、有异味、易污染物品同库存放；在保管期间如果水分超过14%、包装袋打开、没有及时封口、包装物破碎等，导致珠子参吸收空气中的水分，发生返潮、结块、褐变、生虫等现象，必须采取相应的措施。

2. 运输

运输车辆的卫生合格，温度在16～20℃，湿度不高于30%，具备防暑防晒、防雨、防潮、防火等设备，符合装卸要求；进行批量运输时应不与其他有毒、有害、易串味物质混装。

八、药材规格等级

（1）一等　干货1千克120个以内，长3～5厘米，粗2.5～4.0厘米，个头均匀。无须根、杂质、霉变。

（2）二等　干货1千克240个以内，长2～3厘米，粗1.5～2.5厘米，个头均匀。无须根、杂质、霉变。

（3）三等　干货1千克400个以内，长1.0～1.5厘米，粗1.0～1.5厘米，个头均匀。无须根、杂质、霉变。

（4）四等　干货凡不属于上述等级的根茎，长0.5～1.0厘米，粗0.5～1.0厘米。无杂质、霉变。

九、药用价值

（1）功能　补肺止咳；止血；生肌。

（2）主治　肺虚咳嗽；外用力出血；刀伤疮。

（3）用法用量　内服：煎汤，15～30克。外用：适量，研末撒。

参考文献

[1]　赵仁，赵毅，李东明，等. 珠子参研究进展[J]. 中国现代中药，2008，10（7）：3–6.

[2]　黄文静，孙晓春，王楠，等. 遮阴对珠子参生长发育及光合生理特性的影响[J]. 中国农学通报，2018，34（05）：49–53.

[3]　黄文静，王楠，李铂，等. 不同栽培年限珠子参在不同生长期的光合特性及保护酶活性研究[J]. 中国现代中药，2017，19（10）：1415–1419.

[4]　赵新礼，张馨. 珠子参根茎发育特性及其切段繁殖的研究[J]. 安徽农业科学，2017，45（02）：153–155.

[5] 赵新礼. 珠子参生态学和生物学特性的研究[J]. 现代中药研究与实践，2015，29（06）：14−17.

[6] 赵新礼. 珠子参生殖生物学特性的研究[J]. 中国现代中药，2015，17（12）：1298−1301.

[7] 郭乔仪，赵家英，鲁菊芬，等. 珠子参根茎繁殖初步研究[J]. 楚雄师范学院学报，2016，31（03）：41−44.

[8] 郭乔仪，鲁菊芬，普荣，等. 中海拔地区珠子参引种栽培生物学特性[J]. 江苏农业科学，2016，44（11）：209−211.

[9] 赵新礼，张馨. 温度对珠子参种胚生长发育的影响[J]. 安徽农业科学，2016，44（24）：125−126+165.

[10] 和金花. 珠子参人工栽培管理技术[J]. 吉林农业，2016（08）：111.

[11] 刘万里，刘婷，何忠军，等. 珠子参规范化栽培技术[J]. 陕西农业科学，2024（08）：227−228.

（云南省农业科学院经济植物研究所　陈翠）

bai bian dou

白扁豆

本品为豆科植物扁豆*Dolichos lablab* L.的干燥成熟种子。

一、形态特征

扁豆为多年生缠绕藤本。全株几无毛，茎长可达6米，常呈淡紫色。羽状复叶具3小叶；托叶基着，披针形；小托叶线形，长3～4毫米；小叶宽三角状卵形，长6～10厘米，宽约与长相等，侧生小叶两边不等大，偏斜，先端急尖或渐尖，基部近截平。总状花序直立，长15～25厘米，花序轴粗壮，总花梗长8～14厘米；小苞片2，近圆形，长3毫米，脱落；花2至多朵簇生于每一节上；花萼钟状，长约6毫米，上方2裂齿几完全合生，下方的3枚近相等；花冠白色或紫色，旗瓣圆形，基部两侧具2枚长而直立的小附属体，附属体下有2耳，翼瓣宽倒卵形，具截平的耳，龙骨瓣呈直角弯曲，基部渐狭成瓣柄；子房线形，无毛，花柱比子房长，弯曲不逾90°，一侧扁平，近顶部内缘被毛。荚果长圆状镰形，长

5～7厘米，近顶端最阔，宽1.4～1.8厘米，扁平，直或稍向背弯曲，顶端有弯曲的尖喙，基部渐狭。种子3～5粒，长椭圆形，在白花品种中为白色，在紫花品种中为白色、黑色或紫红色，种脐线形，长约占种子周围的2/5。一侧边缘有隆起的白色半月形种阜。花期4～12月，果期6月至次年2月。（图1）

图1　扁豆原植物

　　扁豆栽培有一千多年的历史，经多年栽培驯化，形成了多个栽培品种。扁豆品种间的形态特征存在部分差异：花有白色和紫色之分，荚果颜色有白绿色、深绿、紫红、边红四种，种子有白色、黑色和红褐色三种。《中国药典》规定以扁豆的白色种子作为白扁豆正品药材，种子白色的扁豆品种作为白扁豆的基原植物。（图2）

图2　不同的扁豆品种（白、黑、红褐）

二、资源分布概况

　　白扁豆主要分布于辽宁、河北、山西、陕西、四川、云南等地。全国各地均有栽培，其中云南双柏、新平和四川成都市郫都区为主产区。白扁豆栽培以云南双柏栽培面积最大，四川栽培的质量最优。另外，我国有20%白扁豆是从越南、缅甸进口。

　　云南双柏从1980年引进白扁豆种植，1989年种植逐渐形成规模，重点分布在安龙堡乡、爱尼山乡、大麦地镇及妥甸镇等低热河谷地区，以当地农户零星种植为主。2009年开始，每年种植面积基本稳定在1.2万亩以上。

三、生长习性

扁豆为短日照中光性作物，喜温暖干燥气候，怕高温、忌霜冻，怕涝。扁豆喜温怕寒，遇霜冻即死亡，种子在5℃以上可萌发，生长适温为20～25℃，开花结荚最适温度为25～28℃，可耐32～35℃的高温，当温度高于35℃植株生长停滞甚至死亡。扁豆对水分要求不严格，在年均降雨量400毫米以上地区均可栽培；苗期不耐旱，生长中后期耐旱能力强。以pH值为5～7.5，排水良好、肥沃的砂质壤土生长最好。

四、栽培技术

（一）品种选择

扁豆人工栽培有一千多年的历史，形成了多个地方品种，不同品种的花色、荚果颜色及种子颜色变异较大。种子颜色有白色、黑色、紫红色三种。根据《中国药典》规定，白扁豆药材来源于扁豆*Dolichos lablab* L.的白色、干燥种子。栽培品种要选择结荚率高、种子白色的优良扁豆品种。以形态饱满、无病虫害的籽粒作种。

（二）选地与整地

1. 选地

选择向阳缓坡地或排水良好的平地为宜，前茬种植小麦、水稻、油菜等农作物的土地均可种植，忌与豆类作物连作。以土层深厚、疏松、富含腐殖质的微酸性或中性壤土种植产量高。也可选择玉米地、烤烟地套种白扁豆。

2. 整地

（1）单作　播种前翻耕土壤深25～30厘米，结合整地，施足基肥，每亩施腐熟农家肥1500～2000千克、尿素20千克、普钙50千克。整平耙细，做成畦面宽1.2米、高20～25厘米的高畦，沟宽30～40厘米，畦面略呈龟背形，四周开好排水沟。干旱缺水的山区主要以自然降水作为水源，土壤平整后可不做畦。

（2）套作　以白扁豆和玉米套作为主，提前种植玉米，玉米生长中期在种植玉米的畦

面上播种白扁豆。玉米地整地规格和白扁豆单作时的整地规格一致。（图3）

（三）播种

（1）单作　水源条件好的地区3月中旬播种，缺水的山区常于6月上旬至中旬待雨季来临、土壤墒情好时抢墒播种。在整理好畦面上按行距60厘米、株50厘米播种。品字形挖穴，穴径10～15厘米，穴深5～8厘米，穴底挖松整平。播前，先将种子用清水浸泡4～6小时，然后捞出种子稍晾干表面水分后播种，每穴播3～4粒。播后盖灶灰和细肥土，厚约5厘米。每亩用种量

图3　栽培规格

2.5千克左右。水源不足地区常在下透雨后抢墒播种，播种前不再理墒，直接在平整好的地面上按行距60厘米、株50厘米挖穴播种。

（2）套作　水源条件好的地区3月中旬播种玉米种子，缺水的山区常于6月上旬至中旬待雨季来临、土壤墒情好时抢墒播种玉米种子。按行距60厘米，株距30厘米，每穴播种3～4粒，出苗后每穴留苗2株。在玉米株高达50～80厘米时套种白扁豆。白扁豆播种过早会导致白扁豆茎蔓缠绕束缚玉米顶端，心叶无法正常展开而死亡，播种过迟则白扁豆生长后期易受霜害。结合玉米进行第二次中耕培土，在玉米墒面上起单畦，畦高20厘米左右。在畦上每隔4株玉米挖穴播种白扁豆，每穴播种3～4粒。每亩用种量0.5千克左右。（图4）

图4　白扁豆与玉米套作

（四）田间管理

（1）中耕除草　当苗高15～20厘米时进行第一次中耕除草。以后视杂草发生情况，再进行1～2次，植株封行后停止中耕除草。

（2）间苗与补苗　结合中耕除草进行间苗、补苗，每穴留壮苗2株。遇有缺株，可用间出的壮苗进行补苗。

（3）追肥　白扁豆根部具根瘤菌，能固定空气中的氮元素作为自身养分。因此，可少施氮肥，多施磷、钾肥。幼苗期视土壤肥力情况，追施稀薄人畜粪尿1～2次，或每亩施尿素5千克，促进幼苗生长。花蕾期在植株旁挖穴施肥，每亩施普钙15～20千克、硫酸钾3～5千克，施后覆土壅蔸。盛花期用0.3%磷酸二氢钾和0.2%尿素进行根外追肥，可促进花芽分化，提高结荚率。白扁豆与玉米套作每亩施肥量为单作施肥量的1/5。（图5）

（4）设立支架与引蔓　当苗高30厘米左右，单作的白扁豆需设立支架，以利于茎蔓攀援生长，改善行间通风透光条件，有利增产。采用三角形支架或篱架。①三角形支架：用长2米、粗3厘米的细竹竿，搭设牢固的三角形支架。篱架采用长2.3～2.5米、粗8～10厘米树干作立柱。每间隔6米栽一根立柱，立柱栽入地下深度40～50厘米，在立柱间横拉4根10#（直径3毫米）铁丝，距地面50厘米位置沿行向横拉第一根铁丝，以后相隔50厘米分别拉第二至第四根铁丝。白扁豆伸蔓后将茎蔓迁引到支架上。（图6）

（5）摘心　株高达1米时摘心，以促进分枝，增加结实量。

图5　追肥　　　　　　　　　　　　图6　设立支架与引蔓

（6）灌溉和排水　苗期应经常保持土壤湿润，遇旱天气干旱应及时浇水保苗；花期要控制浇水，以免水分过多引起落花。雨季及时做好排水工作。

（7）修剪　白扁豆营养生长过旺盛，会影响开花结果。开花前剪去部分侧蔓。剪蔓要掌握"剪小不剪大、剪密不剪疏"的原则，使养分集中于开花结果，促使籽粒饱满。

（8）留种　种子田应稀植，每穴留1株，适当增加基肥用量，适时修剪茎蔓和疏花、疏果荚，促进籽粒饱满。荚果成熟分次收获，人工或机械脱粒均可，除净果皮等杂物，晾晒5~7天，待种子充分干燥后装入布袋，置于阴凉、通风、干燥处保存，防止虫蛀和鼠食。

（五）病虫害防治

（1）根腐病（图7）　多发生于梅雨季节，引起根系腐烂，植株萎蔫或死亡，在土壤透气性差的地块易发病。

防治方法　病害防治以轮作为主，播种前用50%的多菌灵500倍液浸种4~6小时进行种子消毒。病害零星发生时及早拔除病株集中销毁，用50%的多菌灵可湿性粉剂800~1000倍液，或15%噁霉灵可湿性粉剂500倍液灌根。

图7　根腐病

（2）锈病（图8）　为害叶片，初生黄白色小斑点，稍突起，后逐渐扩大，呈现黄褐色的夏孢子堆。受害叶片早落，影响产量。

防治方法　搞好田园卫生，及时清除病残体并集中烧毁。发病初期用25%三唑酮可湿性粉剂1000~1500倍液，或70%代森锰锌可湿性粉剂1000~1500倍液喷雾。间隔10~15天防治1次，共防治2~3次。

（3）炭疽病（图9）　叶上发生红褐色至黑褐色圆形病斑，凹陷，溃疡状。幼茎上初起生锈色斑点，后随幼茎伸长呈细条形，凹陷并龟裂。荚果上病斑长圆形或近圆形，黑褐色，边缘淡褐色至粉红色并稍隆起，内凹陷。

图8　锈病

防治方法 发病初期用80%炭疽福美可湿性粉剂1000～1500倍液、50%苯菌灵可湿性粉剂1000～1500倍液，或50%多菌灵可湿性粉剂600～1000倍液喷雾。隔7～10天防治1次，连续防治2～3次。

（4）蚜虫（图10） 吮食嫩茎梢和花序，引起落花落荚。

防治方法 蚜虫防治要做到早发现，早防治。利用蚜虫具有趋黄性的习性，在田间悬挂黄板诱杀有翅蚜。开花期蚜虫危害发生严重，用10%高效吡虫啉可湿性粉剂2000～3000倍液，或2.5%溴氰菊酯乳油5000倍液防治。

（5）豆荚螟（图11） 幼虫危害豆叶、花及豆荚，初孵幼虫即蛀入花蕾或花器，取食幼嫩子房、花药，危害花蕾或幼荚。3龄以上的幼虫除少部分继续危害花外，大部分蛀荚危害。

防治方法 开花期是豆荚螟的最佳防治适期，掌握在早上6～9点开花时喷药。可用48%毒死蜱乳油1000～2000倍液、5%锐劲特悬浮剂1000～1500倍液，或4.5%氯氰菊酯乳油2000～2500倍液防治。

（6）二十八星瓢虫（图12） 以幼虫和成虫舔食叶肉，残留上表皮呈网状，严重时全叶食尽，也可为害茎和花器。

防治方法 成虫产卵期人工摘除卵块，幼虫孵化时用2.5%溴氰菊酯2500～3000倍液，或20%杀灭菊酯4000～5000倍液喷雾。

（7）紫茎甲（图13） 幼虫和成虫均为害植株。幼虫蛀茎取食，刺激寄主细胞增

图9 炭疽病

图10 蚜虫危害果序

图11 豆荚螟

图12 二十八星瓢虫

生，膨大成虫婴。成虫啃食茎表皮，呈环
形缺刻。

图13　紫茎甲

防治方法　少量发生时人工捕杀成虫或刺杀虫婴内幼虫。在幼虫初孵化时用40%辛硫磷乳油1000～1500倍、2.5%联苯菊酯乳油2000～2500倍液，或80%敌敌畏乳油1500～2000倍液防治。

五、采收加工

1. 采收

（1）采收期　当果实由绿色变成白色或黄白色、种子与果皮已经分离时摘取成熟荚果，白扁豆果荚成熟期不一致，需分批采收。

（2）采收方法　将成熟果荚从果梗与果荚连接处折断，逐一采摘果荚。

2. 加工

（1）干燥　选择晴天，将果荚摊开，置于晒场上晒干。（图14）

图14　干燥果实

（2）脱粒　用木棒拍打出种子，拍打时要控制好力度，避免用力过大使种子破碎。

（3）除杂质　用风簸除净果皮、灰尘及瘪粒，人工挑拣除去病、虫为害的残粒和破碎粒，再将种子晒至全干（种子含水量低于14%）。

六、药典标准

1. 药材性状

本品呈扁椭圆形或扁卵圆形，长8～13毫米，宽6～9毫米，厚约7毫米。表面淡黄白色或淡黄色，平滑，略有光泽，一侧边缘有隆起的白色眉状种阜。质坚硬。种皮薄而脆，子叶2，肥厚，黄白色。气微，味淡，嚼之有豆腥气。（图15、图16）

图15 白扁豆药材

图16 炒白扁豆

2. 鉴别

表皮为1列栅状细胞，种脐处2列，光辉带明显。支持细胞1列，呈哑铃状，种脐部位为3～5列。其下为10列薄壁细胞，内侧细胞呈颓废状。子叶细胞含众多淀粉粒。种脐部位栅状细胞的外侧有种阜，内侧有管胞岛，椭圆形，细胞壁网状增厚，其两侧为星状组织，细胞星芒状，有大型的细胞间隙，有的胞腔含棕色物。

3. 检查

水分不得过14.0%。

七、仓储运输

1. 仓储

药材仓储要求符合NY/T1056—2006《绿色食品贮藏运输准则》的规定。仓库应具有防虫、防鼠、防鸟的功能；要定期清理、消毒和通风换气，保持洁净卫生；不应与非绿色食品混放；不应和有毒、有害、有异味、易污染物品同库存放；在保管期间如果水分超过14%、包装袋打开、没有及时封口、包装物破碎等，导致白扁豆吸收空气中的水分，发生返潮、结块、褐变、生虫等现象，必须采取相应的措施。

2. 运输

运输车辆的卫生合格，温度在16～20℃，湿度不高于30%，具备防暑防晒、防雨、防潮、防火等设备，符合装卸要求；进行批量运输时应不与其他有毒、有害、易串味物质混装。

八、药材规格等级

不同产地的白扁豆来自不同的品种，药材间存在一定差异，白扁豆药材规格根据产地不同而制订，分为统货和选货两个等级。总体上，国产白扁豆品质优于进口白扁豆，国产白扁豆以四川白扁豆品质最优。

（一）国产白扁豆

1. 四川白扁豆

（1）选货　产于四川，种阜顶端有黑点，直径0.8厘米以上粒不低于70%，碎粒和干瘪粒不超过2%，自然虫口比例不超过2%。

（2）统货　产于四川，种阜顶端有黑点，直径0.8厘米以上粒不低于70%，碎粒和干瘪粒不超过10%，自然虫口比例不超过3%。

2. 云南白扁豆

（1）选货　产于云南，种阜顶端有黑点，直径0.9厘米以上粒不低于70%，碎粒和干瘪粒不超过2%，自然虫口比例不超过2%。

（2）统货　产于云南，种阜顶端有黑点，直径0.9厘米以上粒不低于70%，碎粒和干瘪粒不超过10%，自然虫口比例不超过3%。

（二）进口白扁豆

1. 云南进口白扁豆

（1）选货　产于缅甸等地，经云南口岸进口。种阜顶端无黑点，直径0.8厘米以上粒不低于70%，碎粒和干瘪粒不超过2%，自然虫口比例不超过2%。

（2）统货　产于缅甸等地，经云南口岸进口。种阜顶端无黑点，直径0.8厘米以上粒不低于70%，碎粒和干瘪粒不超过10%，自然虫口比例不超过3%。

2. 广西进口白扁豆

（1）选货　产于越南等地，经广西口岸进口。种阜顶端有黑点，直径0.7厘米以上粒不低于90%，碎粒和干瘪粒不超过2%，自然虫口比例不超过2%。

（2）统货　产于越南等地，经广西口岸进口。种阜顶端有黑点，直径0.7厘米以上粒不低于90%，碎粒和干瘪粒不超过10%，自然虫口比例不超过3%。

九、药用食用价值

1. 临床常用

（1）脾气虚证　本品味甘性微温，入脾胃经，能补气健脾，兼化湿之功，药性温和，补而不滞，用于脾虚湿滞，食少、便溏或泄泻。其味轻气薄，单用无功，必须同补气之药共用，常与人参、白术、茯苓、山药、莲子肉、薏苡仁等配伍应用，以加强健脾化湿之力；本品用于妇女脾虚带下、体倦乏力，常与白术、苍术、芡实等配伍，具有健脾化湿，固涩止带之效。

（2）暑湿吐泻　夏日暑湿伤中，脾胃不和，易致吐泻。本品能健脾化湿以和中，性虽偏温，但无温燥助热伤津之弊，用于暑湿吐泻，单用本品水煎服；偏于暑热夹湿者，宜与荷叶、滑石等清暑、渗湿之品配伍，用于外感暑湿，发热恶寒，汗出，头晕，呕吐泄泻，有清暑利湿作用；若属暑月乘凉饮冷，外感于寒，内伤于湿之"阴暑"，宜配伍散寒解表、化湿和中之品，常与香薷、厚朴同用，以增强疗效。

（3）消渴饮水　本品味甘，可用于气阴两伤，口渴引饮，形体消瘦，神疲乏力。常与黄芪、天花粉、麦冬、生地黄配伍，能增强生津止渴作用。

2. 食疗及保健

（1）保健食品　白扁豆为药食同源中药材，广泛用于膳食原料，白扁豆煮粥，对于调理肠胃不适有好处，还可以祛痰祛湿。①扁荷粥：白扁豆50克、冰糖30克、荷叶1张、大米50克。先取白扁豆煮沸后，下大米煮至白扁豆黏软时，下荷叶、冰糖，煮20分钟后即成。具清暑利湿，和胃厚肠的功效。适用于暑热感冒，肢体重困，大便溏薄，口苦尿黄等。②白扁豆粥：白扁豆10克、大米50克、白糖适量，将白扁豆、大米洗干净。扁豆研细，同放入锅中，加清水适量煮粥，待熟时调入白糖，再煮一、二沸即成。具健脾和中，化湿消暑功效。适用于中暑发热，暑湿泻泄，脾虚乏力，食少便溏，肢肿带下等。③山药扁豆大米粥：山药30克、白扁豆15克、大米50克、白糖少许。将大米、扁豆洗净，同放锅中，加清水适量，武火烧沸后，转文火煮至八成熟时，加山药、白糖，煮至粥熟。具补益脾胃功效，适用于脾胃亏虚之倦怠乏力，气短少言，饮食无味，小腹冷痛喜温，腰酸肢软等。④扁豆栗子粥：扁豆12克、栗子10克、粳米24克。同放入锅中，加清水适量煮粥，待粥熟时加入适量红糖烊化服用。具健脾止泻，化湿止带的功效。适用于脾虚泄泻，形瘦乏力。⑤扁豆茯苓饮：白扁豆20克、茯苓20克、炒薏苡仁20克。水煎煮。具益气健脾，利湿止泻。适用于气虚体弱，脾胃不足，食欲不振，大便稀薄等。

（2）功能保健品　以白扁豆为配方的保健品在市场很多，最具代表性的保健品是消食化积口服液，具有促进消化吸收的功能。除此之外，还有朝润胶囊能改善胃肠道功能，具有润肠通便的功效；常乐颗粒对胃黏膜损伤有辅助保护功能；奥普胶囊对化学性肝损伤有辅助保护功能；肠乐胶囊具有增强免疫力的功效。

参考文献

[1] 中国科学院中国植物志编辑委员会. 中国植物志[M]. 第四十一卷. 北京：科学出版社，1995.

[2] 马逾英，卢晓琳，王诒纯. 中药材真伪鉴别——白扁豆[J]. 中国现代中药，2010，（3）：65.

[3] 彭友林，唐纯武，王新明，等. 湖南省扁豆种质资源的研究[J]. 武汉植物学研究，2000，18（1）：73-76.

[4] 窦其全，盛乃金，蒋学杰. 白扁豆无公害种植技术[J]. 特种经济动植物，2017，（10）：41.

[5] 朱柏林. 慢性泄泻的辨证治疗[J]. 浙江中医学院学报，1997，21（2）：16-17.

[6] 刘振启，刘杰. 白扁豆的鉴别与药食研究[J]. 首都医药，2014，（9）：48.

（楚雄技师学院　郭乔义）

诃子 he　zi

本品为使君子科植物诃子*Terminalia chebula* Retz.或绒毛诃子*Terminalia chebula* Retz. var. *tomentella* Kurt.的干燥成熟果实。

一、植物特征

乔木，高可达30米，径可达1米，树皮灰黑色至灰色，粗裂而厚，枝无毛，皮孔细长，明显，白色或淡黄色；幼枝黄褐色，被绒毛。叶互生或近对生，叶片卵形或椭圆形至长椭圆形，长7～14厘米，宽4.5～8.5厘米，先端短尖，基部钝圆或楔形，偏斜，边全缘或微波状，两面无毛，密被细瘤点，侧脉6～10对；叶柄粗壮，长1.8～2.3厘米，稀达3厘

图1　诃子果实

米，距顶端1～5毫米处有2（～4）腺体。穗状花序腋生或顶生，有时又组成圆锥花序，长5.5～10厘米；花多数，两性，长约8毫米；花萼杯状，淡绿而带黄色，干时变淡黄色，长约3.5毫米，5齿裂，长约1毫米，三角形，先端短尖，外面无毛，内面被黄棕色的柔毛；雄蕊10枚，高出花萼之上；花药小，椭圆形；子房圆柱形，长约1毫米，被毛，干时变黑褐色；花柱长而粗，锥尖；胚珠2颗，长椭圆形。核果，坚硬，卵形或椭圆形，长2.4～4.5厘米，径1.9～2.3厘米，粗糙，青色，无毛，成熟时变黑褐色，通常有5条钝棱。花期5月，果期7～9月。（图1）

绒毛诃子与诃子不同处在于幼枝、幼叶全被铜色平伏长柔毛；苞片长过于花；花萼外无毛；果卵形，长不足2.5厘米。

二、资源分布概况

我国诃子资源有4种，即诃子、绒毛诃子、银叶诃子、微毛诃子。本草考证表明广州为诃子的道地产区，但自20世纪50年代在云南临沧的永德等地发现大量野生绒毛诃子，使云南成为我国诃子的主要产地，除了药用，目前诃子在永德主要作为诃子饮料的原料使用，每年需求诃子干果100~150吨。广东、广西主要分布诃子资源，而云南4种资源均有野生分布，但分布广、相对集中的资源还是诃子，其余3种分布零星，数量少。诃子在云南主要分布在临沧的镇康、永德、耿马、凤庆等县区；保山的龙陵、施甸、隆阳、昌宁等县区；德宏州的芒市、瑞丽；普洱市的景东、双江等地。目前云南野生诃子主要集中在永德的永康镇、施甸的旧城、龙陵的勐糯镇及天宁、隆阳区的潞江等地。

三、生长习性

诃子的野生分布范围为海拔1500米以下的地区，主要集中在1300米以下，年均温在20℃左右，年降雨量755~1500毫米，终年无霜或轻霜地区。诃子在干旱瘠薄的荒山、荒坡地均能正常生长发育，但以土层深厚、较肥沃的阴坡地生长发育最好，果实较大。适宜在低热河谷的干旱或半干旱地区生长，伴生植物有大叶龙眼、余甘子、车桑子、滇刺枣、桑科植物、壳斗科植物。最宜生长于赤红壤上，但也可在黄红壤、黄壤以及褐红壤等酸性土壤上生长。种子繁殖的实生树一般8~10年才能开花结果。主干遭意外或被人为砍伐后从残桩上萌发出新枝能较快形成新的树冠，表现出较强的再生能力。上百年的树仍能挂果，成年树一般株产鲜果50千克左右，而且稳产性状好。诃子5月开花，7~8月幼果期是加工西青果的最适期，10月至翌年的1月是果实成熟期，是采收加工诃子的适宜时期。

四、栽培技术

诃子在云南适宜于临沧市、保山市、德宏州境内等低热河谷干旱或半干旱地区人工种植。

（一）繁殖方法

诃子繁殖一般有种子繁殖、嫁接繁殖和根芽繁殖三种。

1. 种子繁殖

选择长势旺盛，产量高、质量好、20年以上的母树，11月在果皮变为黄绿色或橙黄色时采收，选择粒大饱满、无病虫害的果实作种。由于果肉内含有大量的丹宁物质，影响出苗，带果肉种植出苗率不足3%。所以，采回的果实应及时除净果肉，种子晒干或阴干装袋，放置于干燥阴凉处，保存1年也不影响发芽出苗。饱满的种子千粒重2100克。诃子树种子具有坚实厚硬的种壳，不易吸水，不经过处理的种子播种后两个月发芽率不足20%。所以，在播种前1个月须要进行种子处理。每亩需种子80～85千克，先用清水浸种一昼夜，滤除水分，将种子均匀摆放一层在垫有10～15厘米厚的细沙床上，种子上再铺一层沙，厚2～3厘米，如此重复，最上一层盖上沙。加盖稻草，经常淋水，保持湿润，气温在21℃以上时20天左右种子发芽率可达80%以上，这时可筛除沙粒，用于播种。若种子数量少可用沙盆催芽或用小锤轻轻敲开种皮取出种仁直接播种。播种期一般在4月以后，这时气温较高并且稳定，出苗快，出苗率高，在整理好的育苗地上按10厘米×20厘米的株行距开穴播种，穴深3厘米，每穴1粒种子，覆土平畦面，加盖稻草，保持湿润。一个星期后开始出苗，大部分苗出土后揭去草。当苗高达5厘米以上时可用浓度为2%的尿素或稀薄人粪尿淋施1次，以后每隔两个月施一次，浓度可逐渐增大，注意不能浇施在叶片上；加强除草培土。第2年苗高达80厘米以上，基茎1厘米以上时可以移栽定植。在苗木落叶后或早春未出新叶前移植，最好选择阴雨天栽植，定植时舒展根系，覆土压实，晴天淋足定根水。

2. 嫁接繁殖

主要芽接法及枝接法。

（1）芽接法　砧木及芽条的选取：选择高1米、直径1厘米左右的一年生实生苗作砧木。选择优良品种结果盛期的母株结果枝上，芽饱满且未抽新芽的枝条作芽条，削取鸭舌形芽片，并小心剥去木质部。芽接季节最好在6～8月，树皮易剥离时进行。芽接方法：在砧木离地10厘米处割开同形略大的皮层，挑开皮部，迅速将芽片贴上，用宽约2厘米的塑料薄膜带，由下而上一环压一环地捆紧，注意不压芽头。成活后20～30天，解去缚扎物；7天后，在离芽接处上方5厘米处斜切断，低处向芽接位背面，以免雨水流向芽接位，用蜡封切口。经常抹去砧木上的芽，让营养集中供应芽接苗生长。

（2）枝接法（又称楔接）　砧木及接穗的选取：选3～4年生、粗10厘米的幼树作砧木，截面用快刀纵破10～15厘米深。选优良品种的枝条作接穗，粗1.5～3厘米、长10厘米。枝接季节一般在3～4月嫁接。枝接方法：将接穗削成楔形（如V字形）插入砧木裂缝内，要紧贴，接合处用蜡把接口敷上，再用塑料薄膜包裹。约30～40天可愈合抽芽。

3. 根芽繁殖

根芽可发育成小苗，挖取自然萌发的根芽苗进行栽种，容易成活。

（二）选地、整地

可选向阳的疏林山地、平原或路旁、田边、房前屋后等土壤较为肥沃疏松、湿润而又不积水的地方进行诃子种植。整地前先清除杂草灌木，一般采用穴状整地，穴的规格为50厘米×50厘米×40厘米或70厘米×70厘米×60厘米。施沤制绿肥、火烧土或厩肥等，混土填入穴内作基肥。

（三）田间管理

移植后管理较简单，只需在农闲时节进行除草培土。有条件的地区可结合中耕除草施肥，未结果前几年春季施氮肥，秋季施绿肥、火烧土等。实生苗5～7年可开花结果，15年后为产果盛期，结果后应以施磷为主，如塘泥、牛粪、草木灰等。并且每隔3～4年施一次硼肥，具体做法是按每棵树0.1千克硼砂混入农家肥中拌均匀，实生苗可连续结果40年以上。为使株形矮化，利于采摘果实和防治病虫害，当植株长到2米时，可通过摘心、修枝整形，促使侧枝生长，形成良好的树冠，使其枝多结果，但从基部萌发的枝条要剪除。

（四）病虫害防治

（1）立枯病　该病可使幼苗期的茎基部变黑褐色，萎缩，甚至导致全株死亡。

防治方法　①苗床可用0.5%福尔马林喷洒后用草帘或薄膜覆盖10天进行消毒；②幼苗可用1：1：140倍波尔多液喷施防治；③发现病株，拔除烧毁，在病株穴周围撒石灰粉。

（2）棕胸金龟子（中华金龟子）　是为害诃子的主要害虫之一。

防治方法　①成虫出土活动期，采用灯光诱杀或利用其假死性，摇树进行人工捕杀；②虫害发生时，用50%辛硫磷800～100倍液喷杀，每隔2～3天喷洒一次，连续喷洒2～3天。

（3）天牛　主要为害树干。

防治方法　①捕捉成虫，消灭虫卵；②人工招引啄木鸟，投放管氏肿腿蜂或斑头陡盾茧蜂，保护利用花绒坚甲，喷施白僵菌和绿僵菌进行生物防治；③用药棉蘸90%敌百虫塞于孔洞内，毒杀幼虫。

（4）毒蛾　夏季幼虫成群集结叶背面，严重时，能把整片叶肉食光。

防治方法　用80%敌敌畏稀释1000倍喷杀。

五、采收加工

诃子实生苗定植后5～7年开始开花结果。采收季节按不同用途和各地气候不同而异。由于诃子树高大，会给采收带来不便。

1. 诃子

一般在果实成熟之前先将树下清理干净，成熟后自然落地，分批拾回。人工采收在10月前后，分2～3批采收，选晴天采收黄褐色的熟果。可置于太阳光下暴晒或先用沸水煮5分钟再晾，忌雨水淋湿，如遇雨天，可分层叠放屋内，以利通风，雨后再晒。晒时不要翻动，以免擦伤果皮，颜色变黑，不光润，影响质量，晒干后为诃子。

2. 西青果

采摘有食指般大小，用嘴咀嚼果肉和内核较易破，无木质化的幼果，放入沸水中煮2～3分钟取出晾晒干即可。

六、药典标准

1. 药材性状

（1）诃子　为长圆形或卵圆形，长2～4厘米，直径2～2.5厘米。表面黄棕色或暗棕色，略具光泽，有5～6条纵棱线和不规则的皱纹，基部有圆形果梗痕。质坚实。果肉厚0.2～0.4厘米，黄棕色或黄褐色。果核长1.5～2.5厘米，直径1～1.5厘米，浅黄色，粗糙，坚硬。种子狭长纺锤形，长约1厘米，直径0.2～0.4厘米，种皮黄棕色，子叶2，白色，相互重叠卷旋。气微，味酸涩后甜。（图2）

（2）西青果　呈长卵形，略扁，长1.5～3.0厘米，直径0.5～1.2厘米。表面黑褐色，具

图2　诃子药材

图3　西青果药材

有明显的纵皱纹，一端较大，另一端略小，钝尖，下部有果梗痕。质坚硬。断面褐色，有胶质样光泽，果核不明显，常有空心，小者黑褐色，无空心。气微，味苦涩，微甘。（图3）

2. 显微鉴别

（1）诃子　本品粉末黄白色或黄褐色。纤维淡黄色，成束，纵横交错排列或与石细胞、木化厚壁细胞相连结。石细胞类方形、类多角形或呈纤维状，直径14～40微米，长至130微米，壁厚，孔沟细密；胞腔内偶见草酸钙方晶和砂晶。木化厚壁细胞淡黄色或无色，呈长方形、多角形或不规则形，有的一端膨大成靴状；细胞壁上纹孔密集；有的含草酸钙簇晶或砂晶。草酸钙簇晶直径5～40微米，单个散在或成行排列于细胞中。

（2）西青果　本品粉末黄棕色。纤维淡黄色，成束，纵横交错排列，有时纤维束与石细胞、木化细胞相连结。木化细胞淡黄色或几无色，类圆形、椭圆形、长条形或不规则形，有的一端膨大成靴状，纹孔明显。草酸钙簇晶直径5～35微米，单个散在或成行排列镶嵌在薄壁细胞中。果皮表皮细胞表面观呈多角形。

3. 检查

（1）水分　诃子不得过13.0%；西青果不得过12.0%。

（2）总灰分　诃子不得过5.0%。

4. 浸出物

诃子不得少于30.0%；西青果不得少于48.5%。

七、仓储运输

1. 仓储

药材仓储要求符合NY/T1056—2006《绿色食品贮藏运输准则》的规定。仓库应具有防虫、防鼠、防鸟的功能；要定期清理、消毒和通风换气，保持洁净卫生；不应与非绿色食品混放；不应和有毒、有害、有异味、易污染物品同库存放；在保管期间如果水分超过14%、包装袋打开、没有及时封口、包装物破碎等，导致诃子吸收空气中的水分，发生返潮、结块、褐变、生虫等现象，必须采取相应的措施。诃子要求置于干燥处；西青果要求置阴凉通风干燥处，避光，密闭。

2. 运输

运输车辆的卫生合格，温度在16～20℃，湿度不高于30%，具备防暑防晒、防雨、防潮、防火等设备，符合装卸要求；进行批量运输时应不与其他有毒、有害、易串味物质混装。

八、药用食用价值

（一）临床常用

据《中国药典》载，诃子性味苦、酸、涩，平。归肺、大肠经。有涩肠敛肺，降火利咽的功效。用于久泻久痢，便血脱肛，肺虚喘咳，久嗽不止，咽痛音哑等症。

1.《中药大辞典》

（1）治疗大叶性肺炎　取诃子肉5钱，瓜蒌5钱，百部3钱，为1日量，水煎分两次服。临床观察20例，多数均能在1～3天内退热，3～6天内白细胞下降至正常，6～11天内炎症吸收，未发现副作用。

（2）治疗细菌性痢疾　用20%诃子液作保留灌肠，每日2次，每次10～40毫升；同时口服诃子肠溶胶囊，每日3～4次，每次1粒，饭前两小时服，症状好转后剂量减半，再服3～4次。临床治疗25例，23例痊愈，其中体温恢复正常平均为2.4天，腹泻及粪便性状明显好转平均为2.8天，大便恢复正常、腹痛及里急后重消失平均为2.9天。除个别服药有恶心外，其他无不良反应。

（3）治疗白喉带菌者　内服10%诃子煎液，每天3～4次，每次约100～150毫升。局部可用煎液含漱，每天4～5次；或用蒸过的诃子含咽，每天4～5次，每次1～2粒；亦可用50%煎液喷射鼻腔及咽喉部，每天1次。临床观察20例（其中1例中途加用他药治疗），服药后经连续3次以上喉拭培养均为阴性。用药时间最短4天，最长17天，平均为6.9天。

2. 现代研究

（1）抗氧化作用　研究发现诃子抗氧化活性强于龙井茶和银杏叶，其中多酚类成分是其抗氧化活性的主要物质基础。此外，诃子在改善肝、肾功能，预防心脑血管疾病，降血糖、调血脂方面的功能也有研究报道。

（2）抗菌作用　有研究表明，诃子对金黄色葡萄球菌、肺炎克雷伯杆菌、粪肠球菌、铜绿假单胞菌、白色念珠菌、变形链球菌、大肠埃希菌及解脲脲原体等多种病原微生物具有抑制作用。诃子在体外有良好的抗伤寒杆菌作用。用盐酸提取的乙醇提取物具有更高的抗菌及抗真菌作用。

（3）强心作用　大剂量诃子的苯及三氯甲烷提取物具有中等强心作用，乙酸乙酯，丁酮，正丁醇和水的提取物具有很强的强心作用。强心作用不被心得安阻断，提取物的作用不是通过心脏的β_1受体所致，而是直接作用于心脏所致，增加心输出量，却不增加心率。

（4）其他作用　从诃子干果中用80%乙醇提得的诃子素，对家兔平滑肌有罂粟碱样解痉作用；除鞣质外还有致泻成分诃子素，故与大黄相似，先致泻而后收敛；含诃子的中药复方有抗癌效果；从中提取的几种鞣质有明显的抗肿瘤活性及抗艾滋病毒活性；含诃子的中药复方曾报道具有抗生育作用。此外，诃子在抗炎、镇痛，治疗阿尔茨海默病（AD），治疗溃疡性直肠炎以及促进伤口愈合等方面的作用也有报道。

（二）诃子在蒙、藏医中的临床应用

诃子在蒙、藏医药中的使用频率几乎与中药中的甘草不相上下，所以蒙医、藏医将诃子誉为蒙、藏药中的甘草，药中之王。

1. 调和药性

诃子性平，与寒、热药物配伍可克其峻烈；诃子调和诸药，与泻下药、止咳药、利尿逐水益肾药、滋补药等各类药物均能配伍可助其功效，这是诃子应用广泛的原因之一。

2. 消除病邪

蒙兽医把病邪分为内邪、外邪，诃子可消除二邪。蒙兽医在治疗心、肝、脾、肺、肾等诸脏腑之疾时多用到诃子，这与其调三根、除病邪有密切关系。

3. 解毒作用

诃子有较强的解毒功效。可治疗多种中毒性疾病。既能解邪气聚于脏腑的内源性毒症，也可以解因饲料中毒、药物中毒、虫蛇咬伤等外源性毒症。此外，蒙兽医喜用有毒药物如狼毒、水银、闹羊花、马钱子、草乌、斑蝥等治疗顽症，以毒攻毒，在具体应用时多与大剂量的诃子配伍以达到调和药性、降低毒性的作用，更好地发挥疗效。

4. 生肌长骨

诃子味涩，有收敛疮疡、生肌长骨的功效。如诃子配熊胆、兰刺头、楼斗菜、通经草、石苇等制成二十五味接骨愈伤散可治疗外伤、骨折。

（三）食疗及保健

由于诃子具有较高的药用价值，中国历代中医药典籍也有诃子食疗和保健功能的记载。

（1）《南方草木状》"可作饮，变白髭发令黑"。

（2）《药性论》"通利津液，主破胸脯结气，止水道，黑髭发"。

（3）《海药本草》"主五膈气结，心腹虚痛，赤白诸痢及呕吐咳嗽，并宜使皮，其主嗽。肉炙治眼涩痛"。

（4）《本草图经》"治痰嗽咽喉不利，含三数枚"。

（5）《本草通玄》"生用则能清金行气，煨用则能暖胃固肠"。

（6）《济生方》 治久咳语声不出：诃子（去核）一两，杏仁（泡，去皮、尖）一两，通草二钱五分。上细切，每服四钱，水一盏，煨生姜切五片，煎至八分，去滓，食后温服。

（7）《宣明论方》 治失音，不能言语者：诃子四个（半炮半生），桔梗一两（半炙半生），甘草二两（半炙半生）。上为细末，每服二钱，用童子小便一盏，同水一盏，煎至五七沸，温服。

（8）《金匮要略》 诃黎勒十枚（煨），为散，粥饮和，顿服。

（9）《本草汇言》 治老人气虚不能收摄，小水频行，缓放即自遗下，或涕泪频来，或口涎不收：诃黎勒，不用煨制，取肉，时时干嚼化，徐徐含咽。

可见中国历来都有把诃子作为食疗和保健用的传统，许多民间药方更是不胜枚举。云南临沧市永德县目前开发有诃子汁饮料供食用。诃子食疗和保健功能相关产品的开发利用具有广阔的市场需求和前景。

参考文献

[1] 中科院中国植物志编辑委员会. 中国植物志[M]. 北京：科学出版社，1984.

[2] 尼章光，罗心平，张林辉，等. 云南野生诃子资源及开发利用[J]. 中国野生植物资源，2004，23（4）：34−45.

[3] 杨福顺，赵胜德，吉涛. 诃子树的栽培技术[J]. 中国林副特产，1991，2：34−45.

[4] 奎学华，罗斌. 永德县诃子资源现状及分布特点研究[J]. 林业调查规划，2010，35（5）：80−83.

[5] 张峰，杨英，孟萌. 诃子在中、蒙、藏医中的应用及比较[J]. 中兽医学杂志，2007，6：39−41.

[6] 李斌，李鑫，范源. 诃子药理作用研究进展[J]. 药学研究，2015，34（10）：591−595.

（云南省农业科学院粮食作物研究所　邓先能）

fu　ling

茯苓

本品为多孔菌科真菌茯苓*Poria cocos*（Schw.）Wolf 的干燥菌核。

一、植物特征

寄生或腐寄生。菌核埋在土内，有特
臭气，鲜时质软，干后坚硬；球形、扁球
形、长圆形或稍不规则块状；表面淡灰棕色
或黑褐色，断面近外皮处带粉红色，内部白
色。子实体平伏地生菌核表面，伞形，幼时
白色，老时变淡褐色。菌管单层，孔为多角
形，孔缘渐变齿状。孢子长方形至近圆柱
形，有一斜尖，壁表平滑，透明无色。（图1）

图1 茯苓植物图

二、资源分布概况

茯苓主要分布于四川、云南、河南、湖北、湖南、陕西、安徽、福建、河北、山西
等地。

茯苓又叫云苓，传统上以云南所产为最好。其实，古书记载，茯苓生泰山山谷，出大
松树下，附根而生，养殖茯苓需要大量的松木，后来泰山附近很少种植了。

三、生长习性

茯苓生态习性特殊，野生茯苓大多生活于松树根部，故不易发现，采集困难。在松树
中，以马尾松和赤松根部适合茯苓生产。一般根据松树的生长年龄、长势好坏以及地表土
质的变化来观察地下有无茯苓。野生的茯苓，一般直径只有10～20厘米，而经人工栽培的
可达30～50厘米或更大，重量最大者近百斤。不少地区由于松林被砍伐，破坏了生态平
衡，茯苓生长受到影响。

茯苓是一种腐生真菌菌核，是由无数菌丝体纠结缠绕在一起，并经过特化后形成的一
种休眠体。它的营养菌丝可以分化成特殊的结构和组织，伸入基质吸收营养物质。茯苓生长
发育所需要的碳元素、氮元素和某些矿物质，恰好与死松树根所含成分相近，所以，松树
的地下部分也就成了茯苓生长的理想场所。由于长有茯苓的松树周围，多不长草或长草易
枯萎，所以，寻找野生茯苓并不困难。砍伐后的松树横断面呈红色，无松脂气味，不朽不
蛀，一敲即碎，其根部就可能有茯苓；树蔸四周的土壤有白色膜状物或地面有断裂，那么

下面也可能有茯苓；用探条插入土中不易拔出及拔出，探条槽内有白色粉末者，一定茯苓。

四、栽培技术

茯苓生产除要培育好优良菌种外，还要选择好适宜的场地，准备好优质的栽培材料，做到三者同步。

（一）菌种准备

我国茯苓栽培目前使用的菌种有三种，即菌引、肉引、木引。

（1）**菌引**　从优质菌核里分离出的茯苓纯菌丝体菌种。菌引能提高茯苓菌种的质量，节约大量种用茯苓，使茯苓栽培范围和产量大幅度增长，在生产中使用最广。

（2）**肉引**　用鲜苓作种，一般用采挖后半月内的鲜苓。种龄最好控制在1～2代，最多不要超过3代，以防退化。野生苓或吊式苓的质量更好。其标准如下。

①个体健壮、皮薄，皮色呈紫红、淡红，有白裂花纹者为佳，菌核过嫩、过老，外皮粗糙，皮色发黑，干缩者不可作种。

②肉色乳白，有大量浆汁，粉质洁白，手捏细腻，有黏性为好，若肉质呈棕色，浆汁少，粉质呈褐色或赤色，手捏粗糙，无黏性的不能作种苓。

③种苓个体稍大，近圆形，与料筒接触的蒂口小，而不选体积过大、过小、畸形或与料筒接触蒂口大的茯苓作种。

④从木引上长出的第1代苓，由于生长时间短，有时体积虽小，但其皮色、浆汁、粉质均好，亦可作种龄使用。

（3）**木引**　老产区苓农用于扩大种源、复壮菌丝的一种菌种。制备方法是：在栽培接种前2个月左右，选择质地松泡、直径4厘米左右的料筒为培养料，肉引接种，接种量为培养料的1/15。待菌丝长满培养料后，挖出即为木引。优质的木引表面呈灰黄色，质稍松泡，茯苓气味浓，无杂菌污染。用木引栽培茯苓产量较低，但可用于复壮菌种，老产区仍在广泛应用。

（二）段木栽培法

是将接好菌种的段木放置在准备好的场地（苓场）中栽培的方法。栽培包括段木准备、场地准备、接种和苓场管理。

1. 段木准备

（1）选树　栽培茯苓，一般多用马尾松，其次是黄山松、赤松、云南松和黑松。枫树、柳树、栎树等树种虽然也能栽培茯苓，但结苓少且差，很少被人利用。选作栽种茯苓的松树树龄应在15～20年，也有用20～40年的，但以胸径在12～14厘米的中龄树为最好。

（2）伐树及整理　选好的松树，应在秋末冬初晴天砍伐，最迟不能晚于次年农历正月。砍后剔去枝丫，锯成长1.5米左右的树段，将树段的皮削去两条（即去皮留筋），让松脂流出，有利于快速、充分地干燥。削皮后的段木，呈"井"字型堆码风干。堆码场要靠近栽培场，清除杂草，杀虫，防止污染。垛底要用石块或其他树棒垫起，垛顶用松、杉树枝覆盖，为了保证段木的质量，避免雨淋，也可用薄膜盖顶，但要雨天覆盖，晴天揭开。到了4～5月，播种前，再次进行去皮留筋处理。方法为：除了砍伐时削去的两条外，可再沿树干纵削，削一条，留一条，相间排列。削皮的宽度为3.0～3.5厘米，深0.5～0.8厘米，以见木质为宜，节疤要削平，留下的皮筋宽3厘米。留筋数目一般为3、5、7条为好，即所谓的三方、五方、七方。留筋数目不能为四，理由是：留4条筋，筒木必成方木，这样的筒木下窖后，与底土接触面积大，如土壤过湿，筒木吸潮后，菌丝不易生长，又易生板苓。处理好后，再将段木锯成两段，即为下窖接种用筒料。

2. 场地准备

（1）选场　茯苓栽培场应选择坐北朝南的向阳坡，此场所光照强、温度高且温差大，有利于茯苓菌丝生长和菌核的形成。坡度宜选在15°～35°之间，坡陡难保湿，坡小易积水，均不宜作栽培场。土质要求含砂量50%～70%，pH值为4.0～6.0的酸性土壤，未种过庄稼和茯苓的地方作苓场。（图2）

图2　茯苓的栽培场所

（2）场地翻挖和清理　场地选好后，于春节前后一个月内翻耕，深度50厘米左右，清除杂草、树根、石块等。接种前一个月，进行第二次翻挖。

（3）开厢挖窖　在下窖接种前20～30天进行。为了防止泥土被雨水冲走和便于管理，在挖窖前可顺着山坡的等高线在苓场上进行开厢，厢宽应为一个苓窖长，厢长以苓场的横向跨度而定，一般不宜过长。若苓场跨度宽，可在中间开一道竖向排水沟，将苓场化为较短的厢。每厢应分别整平，然后在厢上挖窖，窖长80厘米，宽30～40厘米，深35厘米，窖底要顺坡而坡，窖底的土要翻松，让其曝晒，每厢根据宽度可挖一排或两排窖。

3. 接种

（1）接种季节　接种季节有夏种和秋种两种。①夏种：冬季备料，多在夏初（芒种前后）接种栽培。②秋种：夏季备料，多在初秋（8月末至9月初）接种栽培。

（2）接种前的准备　苓农有句谚语："种好茯苓没有巧，抓住两干和一好"，即料干、场干和菌种质量好。料干的标准是：段木周身有很多细小的晒裂纹，手击发出"咚咚"的清脆响声，含水量在20%左右。苓场应翻挖日晒3～4个月后用于接种，接种时也要选晴天下种。还要严把制种质量关。接种前应对料筒、栽培场等认真检查，并准备好挖锄、斧、刀等工具。接种是茯苓栽培的关键环节，最好由几个人或专班配合操作。（图3）

图3　茯苓的菌种

（3）接种量　接种量的多少是影响茯苓产量和品质的重要因素。接种量过大，料筒则相应不足，进而造成菌丝生长营养不足，待结苓时，营养将近耗尽，故不能结苓或结了苓也不能继续长大；如果接种量过少，茯苓菌丝难以充分利用并蔓延整个料筒内，当结苓季节到来时，部分菌丝仍处于营养生长阶段，来不及结苓就进入休眠状态，造成生长停止或死亡，也影响结苓。接种量的大小，应根据料筒的重量和菌种的质量综合考虑。一般每15千克料筒接种木片菌种8片左右（即每瓶菌种接2～2.5窖），或肉引150～250g。直径20厘米的树蔸，需用木片菌种一瓶（16～20片），或肉引0.5千克。

（4）下窖排筒　选择晴天进行，排筒时要根据料筒的粗细分别排放，大的每窖可放一根或两根，较小的可放5根到7根，分别称之为独筒窖、双筒窖、多筒窖。料筒在窖内呈顺坡斜卧状，一头高，一头低。

（5）接种方法　接种与排筒是同时进行的，之后覆土，使菌种能尽快地成活定植。根据窖内菌筒的数量不同，可分别采用"头引""侧引""枕引"和"扦引"的方法接种。

①头引：在独筒窖或双筒窖内，用茯苓菌核或菌种接种时多采用头引。方法是料筒排好后，若是袋装菌种，把袋子划开一条口子，若是瓶装种，把瓶底打掉，将露出菌种的部位紧贴于料筒断面。若用菌核接种，将菌核割开，皮朝外，苓肉紧贴于料筒上断面即可。②侧引：在独筒窖或双筒窖内，也可用木片种、锯末种或茯苓菌核采取侧引接种。其方法是将种袋划破或瓶

图4　侧引法接种

底打掉，露出菌种，或将茯苓菌核切开后，将菌种或苓肉紧贴在料筒上半截的侧面（去筋部分）（图4）。③枕引：适用于独筒窖或双筒窖，方法也是把露出的菌种或苓肉，垫在料筒离上断面10厘米左右的下面，坡度较大的苓场多采用此法。④扦引：适用于多筒窖。方法是用松木制成一头粗一头细的木扦，粗细以能插入瓶口为宜。下窖时可根据料筒的多少，先铺好底层料筒，然后将木扦细的一头插进菌种瓶或菌种袋内，一般插入深度为2/3。再将粗的一端放在料筒中间，使瓶口贴近料筒的断面，放好后，在上面再排料筒，将木扦压住。

（6）覆土　排筒接种以后，可用部分松木片将菌种和料筒之间填实盖紧，立即用沙土进行覆盖，厚度为7～10厘米，上面要做成龟背形，以利排水。

4. 苓场管理

（1）查窖补种　茯苓下窖接种后，约经一周，要检查菌种成活情况。其方法是：将窖的上端挖开，露出料筒，若菌种成活，在料筒表面即有乳白色菌丝蔓延，俗称"上引"。检查完毕，按原样盖好覆土。如果发现没有菌丝或菌种老化变色，应及时补接生长健壮的菌种或新鲜的菌核。补种时，要把料筒另砍新口，以便尽快上引。接种后25～30天，菌丝蔓延30厘米左右，菌丝由白色变为黄褐色，菌丝体变弱收缩、料筒表面气生菌丝少，属正常现象。经40～50天培养，菌丝可长至料筒下端，称为"发窖"，菌丝由淡黄色变为茶褐色，由绒毛状变为膜质状。正常情况下，100～120天开始形成菌核，靠近菌筒的土壤呈淡灰色或深灰色，是快要结苓的标志。此时切勿轻易撬动菌筒，以免折断菌丝，推迟结苓。检查苓场的上引和发窖，宜在晴天早晨露水未干前检查，如上引后菌丝生长正常，则茯苓窖上的覆土干燥呈白色（菌丝呼吸产热所致），没有露水；若在阴天检查，可扒开覆土，用手触摸料筒或窖边泥土，感到有一定温度，即可证明已经发窖。另外，苓场上的杂草比其他地方提前死亡，也是已经发窖的标志。（图5、图6）

图5 茯苓结苓　　　　　　　　　　　图6 成活的标准

（2）清沟排水　为防止窖内积水、烂窖等不良情况的发生，要做好清沟排水工作。久雨很容易使苓窖含水量过高，此时可将苓窖下端挖开，露出筒木，在日光下风晒半天，然后再覆土，并保持场地干燥。被雨水冲刷或因沙土流失，造成筒木外露，要及时培土。

（3）苓场清理　茯苓场内的杂草丛生会消耗筒木养分，造成减产，严重的很难结苓。因此，茯苓场地内及窖面周围，趁杂草、灌木幼小时铲除。及时除草，还能有效地防止苓场滋生害虫，增加窖温和昼夜温差。

（4）覆土掩裂　开始结苓后，由于菌核的生长，会使表面的覆土隆起，在窖面上形成龟裂纹，严重时部分料筒或菌核露出土面（俗称冒风）。因此，在茯苓生长过程中应经常检查，及时覆土，加以保护，防止菌核"冒风"而形成子实体，或被日晒、鸟兽侵害、雨淋腐烂而严重影响茯苓的产量和质量。覆土掩裂的重点要抓好两个时期，即头年9～10月和次年3～5月，因这两个时期是茯苓生长最快的阶段。覆土的原则是少量多次，若一次覆土过厚，会使窖内温度降低，从而减缓茯苓的生长速度。（图7）

图7 茯苓的覆土

（5）围栏护场　茯苓接种初期，震动易使菌种脱离料筒，造成"脱引"，或菌核形成后，易造成脱苓等。为防止"脱引"和菌核中断生长，茯苓场严禁人畜践踏，防止的方法一般是修建围栏，加以保护。管理人员的管理走动，应在排水沟内走动，以避免或减少损失。

图8　茯苓的菌核

图9　筒木接种法

图10　肉引法接菌种

图11　木片接种法

（三）松树桩栽培法

松树砍伐后留下的树桩，凡直径在12厘米以上者均可栽培茯苓。一般是用上年秋天或当年春天砍伐的树桩，要求树皮无脱落，无虫蛀腐烂现象。因树桩不可能像段木那样可以任意挪动，选场时要特别注意选择向阳背风、土质疏松、排水良好的树桩作为选用对象。3～6月将树桩周围1米内的土挖松，深50厘米并清除地面杂草、灌木及石块，使树桩及树根露出地面，按下述几种方法进行接种。（图8～图11）

（1）将树桩上细根全部斩断，只留较粗支根5～6条，每条支根刮去指头粗细树皮2～3条，晒数日，但不可过干。5～8月，选晴朗天气接种，在整理场地时，备好筒木，粗10～20厘米，长50厘米，按段木栽培方法去皮留筋。将筒木放在树桩周围的浅坑内，使筒木与树桩去皮部分紧靠，中间夹上种苓或菌种。直径30厘米的树桩，用种苓0.7～1千克或菌种1～2瓶，用沙土盖好、压实，然后在树桩上盖土，覆土厚度10～15厘米。

（2）先将树桩周围泥土挖开，露出树根，在树根发根处用刀削去一块长10厘米、宽15

厘米的树皮，贴上一块重约25～30克的肉引，然后用土覆盖。

（3）挖去树桩周围泥土，露出地下树根，保留直径在3厘米以上的支根，其余砍断，保留的支根长约1～1.2米。在树桩上削4条树皮，宽3厘米，支根也要削3条树皮，与树桩削皮部分相连。适当晒干后将人工培养的木片菌种接种在树桩顶端的削皮处，加盖树皮，再用沙土覆盖。

（4）先将种苓捣成粉状，用纸包好，接种时，加入冷开水，调成稀糊状。用刀在树桩离地面3厘米处，把树皮剥开，然后把浆引倒在剥开的树皮和木材裂缝中，再将树皮压实。每个树桩用鲜苓250克，成活率在90%以上。

（5）砍伐后留下树桩过高，可在树桩近地部锯一缺口，将菌种接在切口处，再用树皮包好，然后覆土。

按以上方法接种10天后，检查菌丝是否开始生长。以后每10天检查一次，雨季防止雨水冲走覆土。9～12月，要加强覆土掩裂管理。次年4～6月，当树桩呈棕褐色，一捏即碎，茯苓表皮开裂形成花纹，生长减慢，即可采收。树桩呈金黄色，浆水较足的可采大留小。采挖时要注意四周，防止"走引"而漏掉结在树桩外的茯苓。一般每个树桩可采收鲜苓15千克，个别高产者可达50千克，能连采3年。普洱林业资源丰富，大多采用松树桩栽培。

（6）病虫害防治　茯苓虫害主要是白蚁，危害严重。接种后当年7～9月和第二年5～6月地温高，白蚁繁殖快。

防治方法　发现蚁路，及时用药喷在蚁身上，使之带回窑内互相传染中毒死亡，或用煤油或开水灌水蚁穴，并加盖砂土，灭除虫源。

五、采收加工

1. 采收

茯苓成熟后及时采收，采收也称起窑，判断茯苓成熟的标准如下。①茯苓窑顶不再出现新的裂纹。②料筒手捏能碎，颜色由淡黄色变为棕黄或棕褐色。③茯苓菌核表皮由黄白色或淡黄色变为黄棕色或黄褐色，不再有白花裂纹，菌核与苓蒂已松脱。达到以上三个条件应及时采收，长时间不采收，会造成茯苓腐烂。

首先挖去窑顶表土，然后小心仔细挖掘。一不要挖破菌核，二不要挖漏。茯苓菌核有时通过索状苓蒂（菌索），长到料筒外较远的地方，常称之为吊苓，不要漏掉。采挖时，若窑内菌核成熟一致，料筒的营养已用尽且开始腐烂，应大小一次性摘下，若菌核成熟

图12　茯苓的采收　　　　　　　　　　　　图13　茯苓的发汗

不一致，料筒色黄且较硬的，可采大留小，采后将料筒和上面的小菌核埋好，继续培养（图12）。

2. 加工（图13、图14）

茯苓采收后，除留下部分做种苓外，其余的应及时加工。茯苓的商品分级和加工方法相当复杂，但由于其药效价值差别不大，目前大多已简化了加工程序。

①发汗：将采收的茯苓蒸发失水，干燥缩身。鲜茯苓菌核的含水量为40%～50%。将茯苓除净泥土，放在不通风、潮湿的房间内，下垫一层干稻草，上铺竹帘或小树枝条，将茯苓按挖出先后和大小单层排放，上面再盖上干草或草帘，让菌核"发汗"，慢慢蒸发水分。在"发汗"过程中，每隔2～3天将菌核翻动一次，每次将菌核转动1/4周，使整个菌核失水一致。经过12～15天，菌核失水变干，表面起皱，变为暗褐色，"发汗"即可结束。

②去皮：将经过发汗处理的茯苓皮剥掉。

③切片：分类进行切片，色白、质量好的可加工成白片或白块。苓肉粉红或淡黄色的加工成赤片或赤块。切片要求表面光滑，厚薄一致。切好后置阳光下晒干，当表面出现微裂后收回放在屋内，使其吸潮1～2天，待裂纹合拢，稍压复晒即为成品。

茯苓皮和茯苓粉，即剥下的茯苓皮和碎屑分别晒干。

去皮

去皮后的茯苓

茯神的切片

晾晒

图14　茯苓的加工

　　在切片加工过程中，如果发现苓肉内有小松根穿苓而过，即是称为"茯神"的贵重品（图15）。应单独加工保存。切片或切块时，应垂直松根，使每片或每块都有松根小段。茯苓加工干制后，可立即出售，也可置阴凉干燥处保存。传统出口的茯苓商品，用30千克盛放标准的木桶包装。在存放过程中，应防潮湿、防高温，保持环境洁净。

图15　穿有松根的茯苓

六、药典标准

1. 药材性状

（1）茯苓个　呈类球形、椭圆形、扁圆形或不规则团块，大小不一。外皮薄而粗糙，棕褐色至黑褐色，有明显的皱缩纹理。体重，质坚实，断面颗粒性，有的具裂隙，外层淡棕色，内部白色，少数淡红色，有的中间抱有松根。气微，味淡，嚼之粘牙。（图16）

（2）茯苓块　为去皮后切制的茯苓，呈立法块状或方块状厚片，大小不一。白色、淡红色或淡棕色。（图17）

（3）茯苓片　为去皮后切制的茯苓，呈不规则厚片，厚薄不一。白色、淡红色或淡棕色（图18）。

图16　茯苓个

2. 鉴别

粉末灰白色，不规则颗粒状团块和分枝状团块无色，遇水合氯醛液渐溶化。菌丝无色或淡棕色，细长，稍弯曲，有分枝，直径3～8微米，少数至16微米。

图17　茯苓块

图18　茯苓片

3. 检查

（1）水分　不得过18.0%。

（2）总灰分　不得过2.0%。

4. 浸出物

不得少于2.5%。

七、仓储运输

1. 仓储

药材仓储要求符合NY/T1056—2006《绿色食品贮藏运输准则》的规定。仓库应具有防虫、防鼠、防鸟的功能；要定期清理、消毒和通风换气，保持洁净卫生；不应与非绿色食品混放；不应和有毒、有害、有异味、易污染物品同库存放；在保管期间如果水分超过14%、包装袋打开、没有及时封口、包装物破碎等，导致茯苓吸收空气中的水分，发生返潮、结块、褐变、生虫等现象，必须采取相应的措施。

2. 运输

运输车辆的卫生合格，温度在16～20℃，湿度不高于30%，具备防暑防晒、防雨、防潮、防火等设备，符合装卸要求；进行批量运输时应不与其他有毒、有害、易串味物质混装。

八、药材规格等级

1. 个苓规格标准

（1）一等　干货。呈不规则圆球形或块状。表面黑褐色或棕褐色。体坚实、皮细。断面白色。味淡。大小圆扁不分。无杂质、霉变。

（2）二等　干货。呈不规则圆球形或块状。表面黑褐色或棕色。体轻泡、皮粗、质松。断面白色至黄赤色。味淡。间有皮沙、水锈、破伤。无杂质、霉变。

2. 白苓片规格标准

（1）一等　干货。为茯苓去净外皮，切成薄片。白色或灰白色。质细。毛边（不修边）。厚度每厘米7片，片面长宽不得小于3厘米。无杂质、霉变。

（2）二等　干货。为茯苓去净外皮，切成薄片。白色或灰白色。质细。毛边（不修边）。厚度每厘米5片，片面长宽不得小于3厘米。无杂质、霉变。

3. 白苓块规格标准

统货，干货。为茯苓去净外皮切成扁平方块。白色或灰白色。厚度0.4～0.6厘米之间，长度4～5厘米，边缘苓块，可不成方形。间有1.5厘米以上的碎块。无杂质、霉变。

4. 赤苓块规格标准

统货，干货。为茯苓去净外皮切成扁平方块。赤黄色。厚度0.4～0.6厘米之间，长度4～5厘米，边缘苓块，可不成方形。间有1.5厘米以上的碎块。无杂质、霉变。

5. 茯神块规格标准

统货，干货。为茯苓去净外皮切成扁平方形块。色泽不分，每块含有松木心。厚度0.4～0.6厘米，长宽4～5厘米。木心直径不超过1.5厘米。边缘苓块，可不成方形。间有1.5厘米以上的碎块，无杂质、霉变。

6. 骰方规格标准

统货，干货。为茯苓去净外皮切成立方形块。白色。质坚实。长、宽、厚在1厘米以内，均匀整齐。间有不规则的碎块，但不超过10%。无粉末、杂质、霉变。

7. 白碎苓规格标准

统货，干货。为加工茯苓时的白色或灰白色的大小碎块或碎屑，均属此等。无粉末、杂质、虫蛀、霉变。

8. 赤碎苓规格标准

统货，干货。为加工茯苓时的赤黄色大小碎块或碎屑，均属此等。无粉末、杂质、虫蛀、霉变。

9. 茯神木规格标准

统货，干货。为茯苓中间生长的松木，多为弯曲不直的松根，似朽木状。色泽不分，毛松体轻。每根周围必须带有三分之二的茯苓肉。木杆直径最大不超过2.5厘米。无杂质、霉变。

九、药用食用价值

1. 临床常用

（1）水肿、小便不利　既渗利水湿以祛邪，又健脾助运以扶正，为利水消肿之要药，适用于寒热虚实各种水肿，其他水湿病证亦常选用。治水湿内停之水肿、小便不利，常与利水消肿药配伍，以增利水之力，如《伤寒论》五苓散，以本品与猪苓、泽泻、桂枝同用。若治脾肾阳虚水肿，宜与温阳利水药配伍，如《伤寒论》真武汤，以本品配伍附子、生姜等同用。若治水热互结，热伤阴津致小便不利者，须配伍泄热、滋阴之品，如《伤寒论》猪苓汤，以本品与滑石、猪苓、阿胶同用。

（2）痰饮证　脾失健运致水湿内停，积聚而成痰饮。本品既利水，又健脾。治痰饮停于胸胁，症见胸胁胀满，目眩心悸，短气，常配伍温阳化饮、健脾燥湿之品，如《金匮要略》苓桂术甘汤，以本品与桂枝、白术、甘草同用。若治寒饮停胃而呕吐者，多与降逆止呕药配伍，如《金匮要略》小半夏加茯苓汤，以本品与半夏、生姜配伍同用。

（3）脾虚证　本品健脾之功，可治脾虚诸证。然药性平和，作用和缓，多与补气健脾之品同用。治脾胃虚弱，食少纳呆，常与补气药配伍，如《和剂局方》四君子汤，以本品与人参、白术、甘草同用。若治脾虚湿盛泄泻，常与补气健脾、除湿、止泻之品同用，如《和剂局方》参苓白术散，以本品与人参、白术、薏苡仁等配伍。

（4）心神不安证　治疗心脾两虚，气血不足之心悸、失眠、健忘，多与补气养血安神药配伍，如《济生方》归脾汤，以本品与人参、黄芪、当归、远志等同用。若治心气亏虚，惊恐不眠者，则与益心气、安心神之品同用，如《医学心悟》安神定志丸，以本品与人参、远志等同用。

近年来医药科学还发现β-茯苓聚糖对肿瘤细胞的增生具有很强的抑制作用。

2. 食疗及保健

（1）滋补、强壮、健身的保健食品　茯苓是一种常见的药食两用佳品，可以制成各种风味独特的小吃、糕点，苏东坡是制作茯苓饼的能手，《东坡杂记》里记述了服食茯苓饼的功效和制作方法："以九蒸胡麻，用去皮茯苓少入白蜜为饼食之，日久气力不衰，百病自去，此乃长生要诀。"慈禧太后，不思饮食，厨师们绞尽脑汁，发现茯苓健脾安神、利尿渗湿，于是以松仁、桃仁、桂花、蜜糖为原料，配以适量茯苓粉，再用上等淀粉烙成外皮，精工细作制成夹心薄饼，从此茯苓饼成了慈禧太后的养颜佳品。茯苓饼也成了老北京的一种滋补性传统名点。①茯苓粉20克，黏米粉160克，糯米粉160克，糖80克，水适量，将黏米粉、糯米粉加入茯苓粉、白糖，加温水和成后，放置一段时间后上锅蒸熟即可。也可把莲子、芡实、山药打磨成粉加入，味道更好。②茯苓大枣山药粥：茯苓粉20克，大枣10克、山药20克，粳米50克，红糖适量。做法：山药切片，大枣去核，浸泡后连水与山药、粳米同煮成粥，粥成时加入茯苓粉拌匀稍煮，加适量红糖调味即可。功效：滋补脾胃，除湿止泻。小儿脾胃气虚，食少便溏，体倦乏力可经常食用。③茯苓酒：茯苓60克，白酒500克。将茯苓泡入酒中，7天后即可饮用。能利湿强筋、宁心安神。适用于四肢肌肉麻痹、心悸失眠等。

（2）美容上品　能去除黑色素，若加上蜜水调和，有祛斑美容作用。茯苓蜂蜜面膜：白茯苓粉15克，蜂蜜适量。将蜂蜜与茯苓粉加适量温水调成糊状，晚上睡前敷脸，翌晨用清水洗去。茯苓外敷可治疗面部色素沉积，与蜂蜜搭配使用，既能营养肌肤又能淡化色素。

参考文献

[1]　戴宝合. 野生植物资源学[M]. 北京：中国农业出版社，2007.

（云南农业大学热带作物学院　马晓　何素明）

本品为五加科植物三七*Panax notoginseng*（Burk.）F. H. Chen的干燥根和根茎。

一、植物特征

多年生荫生宿根性直立草本植物，高20～60厘米。根茎短，斜生。主根粗壮，肉质，倒圆锥形或圆柱形，常有疣状突起的分枝。茎直立，单生，不分枝，表面或带紫色，具纵向粗条纹。掌状复叶，3～6片轮生茎顶，叶柄长4～9厘米，小叶通常5～7、罕为3或9枚，膜质；中间一枚较大，长椭圆形至倒卵状长椭圆形，长5～15厘米，宽2～5厘米，先端渐尖至长渐尖，基部阔楔形至圆形，两侧叶片最小，椭圆形至圆状长卵形，长3.5～7厘米，宽

图1　三七植物图

1.3～3厘米，先端渐尖至长渐尖，基部偏斜，边缘具重细锯齿，齿尖具短尖头，齿间有1刚毛，两面沿脉疏被刚毛，主脉与侧脉在两面凸起，网脉不显。伞形花序单生于茎顶，有花80～100朵或更多；总花梗长7～25厘米，有条纹，无毛或疏被短柔毛；苞片多数簇生于花梗基部，卵状披针形；花梗纤细，长1～2厘米，微被短柔毛；小苞片多数，狭披针形或线形；花小，淡黄绿色；花萼杯形，稍扁，边缘有小齿5，齿三角形；花瓣5，长圆形，无毛；雄蕊5，花丝与花瓣等长；子房下位，2室，花柱2，稍内弯，下部合生，结果时柱头向外弯曲。果扁球状肾形，径约1厘米，成熟后为鲜红色，内有种子2粒；种子白色，三角状卵形，微具三棱。花期7～8月，果期8～10月。种子为顽拗型种子，有种胚后熟特性，采收后经60～90天的胚才逐渐发育成熟。（图1）

三七作为名贵中药资源，在我国具有悠久的栽培历史，据考证已有400余年。三七的道地产地为广西田阳、德保、靖西、那坡和云南的文山地区。而且，云南文山从20世纪50

年代以后逐渐取代广西田七，成为我国三七的主产地，沿袭至今，并得到一致公认。近年来，云南各地均有种植，长江以南各省也有试种。

二、资源分布概况

目前，三七的野生资源已经难觅踪迹，主要为栽培，主产于云南的文山、广南、西畴、砚山、马关等县和广西的田东、田阳、靖西、德保、睦边、隆林等县（即右江流域）。

三、生长习性

三七适宜生长于海拔在1400～1800米，生长期最低温不低于−2℃，最高温不宜超过35℃；年平均气温15～17℃，最冷月均温8～10℃，最热月均温20～22℃，10℃及10℃以上年积温4500～5500℃，无霜期300天以上。年日照时数在1516～2016小时，日照百分率在34%～46%。适宜年平均降雨量900～1300毫米，环境相对湿度75%～85%。以红壤、黄棕壤等为主，土壤质地以结构疏松的壤土为佳，土壤pH值以5.5～6.5为宜，土层厚度要在30厘米以上。栽培地块坡度小于15°，坡向以东南至西北方向为佳，田间通风和排水条件良好，有浇灌条件。土壤要求土层深厚，质地疏松，透气沥水。前作应选择玉米、小麦、陆稻、万寿菊、烟草、油菜等作物，忌种植茄科、葫芦科等作物。忌连作，要求选择新地或间隔年限在10年以上地块种植。

四、栽培技术

（一）种植材料

三七的果实称为红籽，于11月开始成熟。选择三年及三年生以上的无病虫害三七园进行留种。田间选择植株高大、茎秆粗壮、生长健壮的植株，选择色泽鲜红饱满、果皮无病斑、无损伤的果实，分批采收。红籽采收时，在距果柄10厘米处用洁净的剪刀将整株红籽剪摘下来，采用机械或人工袋揉搓法除去外面红色果皮，再用清水漂洗除去秕粒及腐烂变质的种子，然后从清水中捞出晾晒至种子表面水分干燥为止（种子忌过分失水），最后用筛子筛选出饱满和不饱满的种子，即为三七白籽。揉洗去外果皮后的白籽用70%甲基托布津可湿性粉剂600～800倍液消毒15分钟，捞出进行贮藏，完成种子生理后熟。贮藏后熟时间一般为45~60天，环境温度控制在20℃左右。

贮藏后熟方法：准备含水量为20%~30%的细河沙，将药剂处理后的三七种子与河沙分层置放于竹制容器中，并贮藏于洁净、通风的环境。每间隔15天检查一次，以清除腐烂、霉变的三七种子或调节湿度以控制种子发芽。

（二）选地与整地

1. 选地

选择地势偏高，排水良好，通风向阳，靠近水源的地块。土壤要求土层深厚，质地疏松，透气沥水。前作应选择玉米、小麦、万寿菊、烟草、油菜等作物，忌种植茄科、葫芦科等作物。

2. 整地

种植前土地前要进行三犁三耙。第一次翻犁时间为11月初，以后每隔15天翻犁一次，翻犁深度为25厘米以上。要求做到充分破碎和翻耙，将各土层中的病菌及虫卵翻出土面，经阳光充分暴晒死亡，减少次年病原及虫卵的数量，减轻病虫的发生。用生石灰进行土壤消毒灭菌和土壤改良，处理的时间在10~11月进行，结合第二次或第三次土壤翻犁，生石灰用量为50~70千克/亩，均匀施入耕作层土壤中。

（三）搭棚造园

三七种植前20天以上完成搭棚造园。一般在11月中下旬至12月中下旬进行搭棚造园。育苗棚调节透光率为10%~15%，二年生三七调节透光率15%~20%，三年生三七调节透光率20%~25%，也可直接采用三七专用遮阳网，一般采用2~3层网。（图2）

作畦前将建棚时残留在地面的杂物清理干净。用线沿两排七权间的中央处拉线，并用石灰沿拉线处打线，该位置即畦沟位置。沿已画好的开沟线进行开沟，将沟内的土壤提到两边作畦。畦面宽120~140厘米，长度根据地形酌定，每100米要留出腰沟，腰沟可较宽，作为主行道及主排水沟。畦高根据坡度的大小为20~25厘米之间，沟宽30~50厘米，下宽20厘米左右。畦沟开挖结束后，整理畦面，将畦面土壤赶平，做成中间略鼓两边略低的"瓦面状"，便于雨季排水。在整理过程中清除畦面的石块或杂草等物。

图2　大棚栽培

　　结合理畦做床，在畦面上施用钙镁磷肥100～150千克/亩，并均匀拌施入畦面表土中。畦面土壤药剂处理应在移栽前进行。采用65%敌克松可湿性粉剂1千克/亩，与半干细土30～40千克拌匀；或采用50%多菌灵可湿性粉剂1千克/亩，兑半干细土30～40千克混匀，均匀撒施于畦面上，并捣入耕作层土壤中混匀，并将畦面平整即可进行三七播种或移栽。（图3）

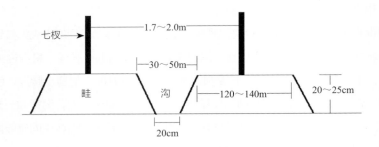

图3　三七地理畦做床示意图

（四）播种

播种时期为头年的12月中下旬至翌年1月中下旬。先用压穴器在三七畦面压1厘米深播种孔，孔穴密度为4～5厘米×5厘米。取湿沙贮藏后熟好的种子，筛去河沙，加入钙镁磷肥和多菌灵干粉（多菌灵用量为种子重量的0.5%）包裹后直接点播。播种完后用充分腐熟的农家肥拌土覆盖三七种子，以见不到种子为宜。然后在畦面上均匀覆盖一层松针，覆盖厚度以床土不外露为原则。三七播种后应视土壤墒情及时浇水1次，以后每隔10～15天浇水1次，使土壤水分一直保持在20%，直至雨季来临。

（五）炼苗和起苗

10～12月进行炼苗，调节棚内透光度20%左右，控制田间土壤水分在15%～20%，增强种苗抗性，提高种苗质量。

种苗一般在移栽前采挖，即育苗当年的12月中下旬至翌年1月中下旬。用自制竹条从床面一边向另一边顺序采挖。起挖时应避免损伤种苗，受损伤、被病虫危害及弱小的种苗应在采挖时清除。选用休眠芽肥壮、根系生长良好、无病虫感染和机械损伤，单株重在1.25克/株子条做种苗。

（六）大田移栽

移栽定植时间为12月中下旬至翌年1月中下旬。定植株行距为10厘米×12.5厘米～12厘米×15厘米，深度约为3厘米，亩种植密度为2.5万～3.2万株。

种苗一般用竹筐或透气蛇皮袋装放和运输。边采挖、边运输种植。如种植地较远，三七种苗运输途中要做好保湿防晒。一般采挖后2～3天内栽种完。种苗种植前用杀毒矾500～800倍液进行浸种处理15～20分钟，取出带药液移栽。

将用药液处理好的三七种苗放入打好的土穴中，一个土穴放置一株三七种苗。种苗移栽时，放置种苗要求全园方向一致，以便于管理。坡地、缓坡地由低处向高处放苗，第一排种苗的根部向坡上方；第二排开始根部向坡下方，种芽向坡上方；床面两侧的根部朝内，种芽朝外，利于保湿和防止畦头塌落而露根影响三七生长。用细土覆盖三七种苗，以看不见三七种苗根系和休眠芽为宜，约2～3厘米厚。用松毛覆盖整个畦面，厚度以看不到床土为宜，盖草过程中要求厚薄均匀一致。三七种植完后，及时浇足定根水。

（七）田间管理

1．抗旱浇水与防涝排湿

在干旱、半干旱地区，三七移栽后应视墒情抗旱浇水，使土壤水分保持在20%左右。

雨季来临时应随时检查三七园，出现水分过多应及时排涝，并打开园门通风换气以减小三七园湿度，预防或减轻田间病害。

2．田间除草

三七出苗后，及时除草，保证田间清洁。

3．调节荫棚

在三七生长的前期，对荫棚较稀的地方用杉树叶或其他遮阴物进行修补，使整个荫棚透光基本均匀一致。如是采用的遮阳网，后期适当揭除1～2层遮阳网来调节荫棚。

在三年生三七生长的后期或过密的荫棚要进行疏稀，疏稀次数分为3～4次进行。第一次于晴天下午3～4时，用木棍或竹竿轻轻拍打，敲掉过密的荫棚材料，使之脱落。第一次删除数量为原设定删除的1/3。第二次疏稀荫棚于第一次20～30天后，当三七已经适应疏稀后的光照强度时，删除量为原设定删除的1/3。于20～30天后，当三七已经适应疏稀后的光照强度时，进行第三次疏稀荫棚，删除量为原设定删除的1/3。在每次疏稀荫棚后，把三七植株上的荫棚材料破碎物清扫干净。

4．摘蕾

商品三七生产大田在7月中下旬开始摘蕾，以促进三七块根生长。以未开放时采收的花蕾质量较好。一般在晴天采摘。采花前30天应停止使用农药。采摘方法为：在距花蕾3～5厘米处，用剪刀剪摘花蕾，盛于洁净容器中（容器一般用竹箩）运往园外。

5．科学施肥

（1）二年生三七的追肥

①第一次追肥在5月上旬展叶期，此时为旱季，施肥在人工浇水2～3天后进行，施肥时间掌握在晴天上午10点，田间三七叶片露水干后进行。

②第二次追肥在8月的现蕾期，此期为雨季，施肥必须在晴天上午10点，田间三七叶

片露水干后进行。施肥种类为10：10：15～20的复合肥，施用量为15千克/亩，采用田间撒施。施肥结束后用细竹棍或松树枝将三七叶面上肥料全部清除，或用汽油喷雾器鼓风将叶片上肥料吹拂下来，以防下雨或喷施农药后灼烧叶片。

③第三次追肥在12月下旬至翌年1月的倒苗期，待田间三七茎叶剪除后进行。肥料种类以有机肥为主，在8月时将牛粪、羊粪和秸秆一起堆置发酵，发酵时间在3个月以上，充分杀除有机肥中病菌和虫卵。追肥时先将发酵好有机肥和钙镁磷肥、硫酸钾、多菌灵一起混合，混合比例为1000千克有机肥加50千克钙镁磷肥、10千克硫酸钾和1千克多菌灵，将混合好的肥料均匀撒施在三七畦面上，并适当撒施松毛覆盖好畦面。施肥结束后，做好三七园田间卫生，及时将田间三七残枝烂叶和杂草清除，将畦沟中冲积下来的积土和松毛清掏到畦面，保证雨季排水通畅，并全园喷一遍农药，杀菌、杀虫过冬。田间清洁做完后，全园浇一遍透水，保证田间墒情和三七过冬。

（2）三年生三七的追肥　追施2次，第一次在4月底至5月上旬，第二次在7月中下旬。施肥时间应在晴天上午10点，田间三七叶片露水干后进行。施肥种类为10：10：20的复合肥，施用量为20千克/亩，田间撒施。施肥结束后用细竹棍或松树枝将三七叶面上肥料全部清除，或用汽油喷雾器鼓风将叶片上肥料吹拂下来，以防下雨或喷施农药后灼烧叶片。

（八）病虫害防治

三七病虫害的防治要认真贯彻"预防为主，综合防治"的植保方针，采取预测预报、植物检疫、农业防治、物理防治、生物防治、化学防治等综合防治措施，创造有利于三七生长发育，不利于各种病菌繁殖、侵染、传播的环境条件，将有害生物控制在允许范围内，使经济损失降到最低限度。现将三七栽培过程中容易发生的病虫害防治方法介绍如下。

1. 病害防治

（1）根腐病的防治

防治方法　选择无病地块播种或移栽。种子和种苗在播种前或移栽前先进行药剂消毒处理。发现病株立即连土挖出销毁，病根周围土壤撒施石灰消毒。药剂防治方法：①每亩用叶枯宁+敌克松各1千克与25千克干细土混匀，制成毒土撒施；②用叶枯宁+杀毒矾+百菌清按1：1：1的比例混合，加水稀释成300～500倍液灌根；③用叶枯宁+异菌脲（扑海因）按1：1的比例混合，加水稀释成300～500倍液灌根；④用瑞毒霉锰锌+多菌灵+

百菌清按1：1：0.5的比例混合，稀释成300～500倍液灌根。

（2）黑斑病的防治

防治方法 选择无病地块播种或移栽。保证三七荫棚透光适宜而均匀，防止出现明显空洞。加强田间通风，降低田间空气相对湿度。彻底清除杂草及病株残体；雨季注意清沟排水，降低三七园湿度；增施钾肥，不偏施氮肥等，提高植株抗性。药剂防治方法：①异菌脲（扑海因）+甲霜·锰锌按1：1的比例混合，加水稀释成300～500倍液喷雾；②多抗霉素100～150倍液，喷雾；③菌核净400～600倍液，喷雾；④福星800～1000倍液，喷雾；⑤世高6000～7000倍液，喷雾。

（3）疫病的防治

防治方法 在三七疫病发生季节，每天都要检查三七园，若发现中心病株及时清除，并用药剂对发病区进行控制，避免病原扩散。加强荫棚管理，及时修补老三七园荫棚，为三七生长创造有利环境，增强植株抗病能力。药剂防治方法：①雷多米尔300～500倍液，喷雾；②三乙磷酸铝300～500倍液，喷雾；③烯酰吗啉（安克）600～800倍液，喷雾；④抑快净600～800倍液，喷雾。

（4）圆斑病的防治

防治方法 选择背风地块建造三七园。降雨季节注意清沟排水，打开园门和围边，加强通风，调节三七园湿度。增施钾肥，不偏施氮肥等，提高植株抗性。药剂防治方法：①氟硅唑8000～10 000倍液加春雷霉素800倍液，喷雾；②苯甲·苯环唑3000倍液，喷雾。

2. 虫害防治

（1）地下害虫

防治方法 对蝼蛄、地老虎数量较多的地块，每亩可用90%晶体敌百虫50～75克拌20千克细潮土撒施，或与50千克剁碎的新鲜菜叶拌匀后于傍晚作厢面撒施处理。

（2）地上害虫

防治方法 发生蚜虫、蚧壳虫的危害时，用敌敌畏乳油1000倍液、辛硫磷乳油1000倍液、50%抗蚜威可湿性粉剂3000倍液等，任选其中一种药剂进行喷雾防治。

（3）螨类

防治方法 防治螨类（红蜘蛛）的有效药剂有克螨特乳油3000倍液、杀螨酯1500～2000倍液等，可任选其中一种进行喷雾防治。

（4）蛞蝓

防治方法 利用其日伏夜出的活动特点，用蔬菜叶于傍晚撒在三七园中，次日晨收集得蛞蝓后集中杀灭；或用石灰沿厢边及厢沟撒施，每亩用石灰15千克；或在蛞蝓发生期间用20倍茶枯水喷洒；还可每亩用1千克密达杀螺剂均匀撒施。

五、采收加工

1. 采收

三年生三七，即育苗1年，大田种植2年。春三七（摘除花蕾的商品三七）最适宜采收时期是10～11月；冬三七（留种三七）最适宜采收时期是12月至次年2月。

采挖前15天左右，揭掉三七棚上遮阳网（杉树枝荫棚直接用木棍或竹竿敲掉），以便放阳放雨露，促进三七块茎增重和有机物质积累。选择晴天采挖。采用自制竹木或小棍撬挖。从畦床头开始，朝另一方向按顺序挖取，防止漏挖。采挖时应防止伤到根和根茎，保持根系完整，避免根须折断。采挖出的三七在田间翻晒半日，待根皮水分稍蒸发，抖去泥土，折除根茎上的茎秆，用竹筐和透气编织袋运回加工。

2. 加工

（1）分拣　三七运回后不能堆置，及时在洁净晾晒场（光照和通风条件好，清洁卫生，最好有防雨棚）摊开进行分拣。用不锈钢剪刀分别将三七根部的剪口、主根、筋条（大根）、毛根（细根）部位分别剪下。

（2）晾晒　三七分拣后，将剪口、主根、筋条部位直接摊开在太阳下晾晒，毛根用清水清洗后再晾晒。晾晒过程中要防止雨淋和堆捂发热。晾晒期间，每日翻动1～2次，并注意检查，如有霉烂，及时剔除。

（3）堆捂回软　将晾晒发软的三七剪口、主根和筋条，及时堆捂回软，边晒边堆，如此反复3～5次至三七干透。

（4）筛灰　将晒干三七放在用铁丝及竹条制成的铁丝网筐或用篾条制作好的筛框内，将三七根上泥土等杂质筛除干净。

（5）打磨抛光　本工序可根据需要选用。将经干燥筛灰后的三七主根与抛光物共置抛光器具中打磨至三七主根外表光净、色泽油润时取出，将三七头子与抛光物分离开，即可得出商品三七。抛光器具可用滚筒等。抛光物有二种组合：一是粗糠、稻谷、干松针段组成；二是荞麦、干松针段组成。

（6）分级　将三七主根置于拣选台上，按个头大小进行分类，再按规格（即头数）和感观进行分级。规格以"头/500克"划分为：20头、30头、40头、60头、80头、120头、160头、200头、无数头。只有在感观和理化指标达到优级品要求的才能算是优级品。

（7）包装　将检验合格的产品按不同商品规格分级包装。在包装物上应注明产地、品名、等级、净重、毛重、生产者、生产日期及批号。

（8）贮存　三七加工产品贮存在清洁卫生、阴凉干燥（温度不超过20℃、相对湿度不高于65%）、通风、防潮、防虫蛀、无异味的库房中，定期检查三七的贮存情况。

六、药典标准

1. 药材性状（图4）

（1）主根　呈类圆锥形或圆柱形，长1～6厘米，直径1～4厘米。表面灰褐色或灰黄色，有断续的纵皱纹和支根痕。顶端有茎痕，周围有瘤状突起。体重，质坚实，断面灰绿色、黄绿色或灰白色，木部微呈放射状排列。气微，味苦回甜。

（2）筋条　呈圆柱形或圆锥形，长2～6厘米，上端直径约0.8厘米，下端直径约0.3厘米。

（3）剪口　呈不规则的皱缩块状或条状，表面有数个明显的茎痕及环纹，断面中心灰绿色或白色，边缘深绿色或灰色。

图4　三七药材

2. 鉴别

本品粉末灰黄色。淀粉粒甚多，单粒圆形、半圆形或圆多角形，直径4～30微米；复粒由2～10余分粒组成。树脂道碎片含黄色分泌物。梯纹导管、网纹导管及螺纹导管直径15～55微米。草酸钙簇晶少见，直径50～80微米。

3. 检查

（1）水分　不得过14.0%。

（2）总灰分　不得过6.0%。

（3）酸不溶性灰分　不得过3.0%。

（4）重金属及有害元素　铅不得过5毫克/千克；镉不得过1毫克/千克；砷不得过2毫克/千克；汞不得过0.2毫克/千克；铜不得过20毫克/千克。

4. 浸出物

不得少于16.0%。

七、仓储运输

《中国药典》规定三七应贮藏于阴凉干燥处，防蛀。

《地理标准产品　文山三七》（GB/T 19086—2008）标准规定三七的包装物应洁净、干燥、无污染，符合国家有关卫生要求。运输中不得与农药、化肥等其他有毒、有害物质混装。运载容器应具有较好的通气性，以保持干燥，应防雨、防潮。加工好的三七产品应有仓库进行贮存，不得与对三七质量有损害的物质混贮，仓库应具备透风、除湿设备，货架与墙壁的距离不得少于1米，离地面距离不得少于20厘米，入库产品注意防霉、防虫蛀。水分超过13%不得入库。地方三七储藏养护：三七一般用双层麻袋包装，每件50千克左右，贮存于阴凉、干燥处，温度15℃以下，相对湿度70%～75%。本品含糖类，受潮易发霉、虫蛀。霉斑白色或绿色，多出现在商品表面或缝隙间。危害的仓虫有褐蕈甲、土耳其扁谷盗、脊胸露尾甲、粉斑螟、大谷盗等，蛀蚀品表面现多数孔洞，严重时断面有被蛀空的痕迹和虫体。储藏入库前应严格验收，对色深、手感软润、质地较重、互相撞击声不清脆者，应晾晒处理。入夏前，可将商品分成小件或小批，密封抽氧充氮，加以养护。高温高湿季节，每月检查一次，发现吸潮、轻度虫蛀品，及时晾晒，严重时用磷化铝、溴甲烷熏杀。

八、药材规格等级

三七药材规格等级如表1所示。

（1）春七　为开花前采挖或打掉花蕾未经结籽采挖的三七，根较饱满，体重色好，产量、质量均佳，习称"春七"。

（2）冬七　开花结籽后采挖的三七，根较泡松，质次之，习称"冬七"。

（3）头　每500克三七的个体数。

（4）筋条　以三七较粗的支根条而入药者，习称"筋条"。

（5）剪口　三七的根茎（芦头）部分，习称"剪口"。

（6）抽沟　冬七由于质地轻泡，经干燥后表面形成的纵向沟纹。

表1　三七商品规格等级划分表

规格		等级	性状描述	
			共同点	区别点
主根	春七	20头	干货。种植年限在3年及以上。呈圆锥形或圆柱形，长1～6厘米，直径1～4厘米。表面灰褐色（俗称"铁皮"）或灰黄色（俗称"铜皮"），有断续的纵皱纹和支根痕。顶端有茎痕，周围由瘤状突起（俗称"狮子头"）。体重，质坚实（俗称"铜皮铁骨"）。断面灰绿色、黄绿色（俗称"铁骨"），木部微呈放射状排列（俗称"菊花心"）。气微，味苦回甜。杂质、虫蛀、霉变	每500克20头以内，长不超过6厘米
		30头		每500克30头以内，长不超过6厘米
		40头		每500克40头以内，长不超过5厘米
		60头		每500克60头以内，长不超过4厘米
		80头		每500克80头以内，长不超过3厘米
		120头		每500克120头以内，长不超过2.5厘米
		无数头		每500克120～300头以内，长不超过1.5厘米
		等外		每500克300个以上
	冬七	20头	干货。种植年限在3年以上。表皮灰黄色，有皱纹或抽沟（拉槽）。不饱满，体轻泡。断面黄绿色，菊花心不明显。无杂质、虫蛀、霉变	每500克20头以内，长不超过6厘米
		30头		每500克30头以内，长不超过6厘米
		40头		每500克40头以内，长不超过5厘米
		60头		每500克60头以内，长不超过4厘米
		80头		每500克80头以内，长不超过3厘米
		120头		每500克120头以内，长不超过2.5厘米
		无数头		每500克120～300头以内，长不超过1.5厘米
		等外		每500克300个以上
筋条			干货。呈圆柱形或圆锥形；表面灰黄色或黄褐色；质坚实、体重。断面灰褐色或灰绿色；味苦微甜。长2～6厘米，上端直径不低于0.8厘米，下端直径不低于0.5厘米。无杂质、虫蛀、霉变	
剪口			干货。呈不规则皱缩块状或条状，表皮有数个明显的茎痕及环纹。断面中心呈灰绿色或白色，边缘颜色加深。无杂质、虫蛀、霉变	

九、药用食用价值

（一）药用价值

　　根据《中国药典》2020年版记载，三七功能主治为散瘀止血，消肿定痛。用于咯血，吐血，衄血，便血，崩漏，外伤出血，胸腹刺痛，跌扑肿痛。现代药理结果表明，三七对心脑血管系统、血液系统、神经系统等疾病具有一定的疗效。抗心肌缺血、抗心律失常、止血、活血、补血、镇痛、镇静、保肝、抗肿瘤等作用。

《中国药典》2020年版中记载的三七复方制剂有95种，其中片剂22种，胶囊剂37种，颗粒剂13种，散剂4种，贴膏剂2种，丸剂9种，气雾剂2种，合剂4种，搽剂2种。此外，《中药成方制剂》记载的三七复方制剂有25种。

（二）三七资源的开发利用历史及前景

1. 三七保健作用

三七不仅用于防治多种疾病，其应用范围现已扩展到抗衰老、养生保健等多方面。2015年10月28日，云南省食品药品监督管理局公开发布《云南省食品药品监督管理局关于修订三七超细粉等三七系列饮片标准功能主治的通知》（云食药监注〔2015〕42号），将三七系列饮片的功能主治项由原来的"散瘀止血，消肿定痛。用于咯血，吐血，衄血，便血，崩漏，外伤出血，胸腹刺痛，跌扑肿痛"修订为"散瘀止血，消肿定痛，益气活血。用于跌扑肿痛、内外出血、气虚血瘀、脉络瘀阻、胸痹心痛、中风偏瘫，气虚体弱；软组织挫伤、出血性疾病、高血压、冠心病、脑卒中、高脂血症、糖尿病血管病变、免疫功能低下见上述证候者"，标志着三七功能主治的扩展受到了认可。

2. 三七地下部新食品原料的开发研究

2017年，云南省文山州政府委托文山学院三七学院制定三七须根的云南省食品安全地方标准。说明三七地下部作为普通食品原料开发又迈出了关键的一步。这是继三七茎叶、花之后对在云南省具有长期传统食用习惯且未列入《中国药典》的生物资源开发利用的再次探索尝试，该标准的制定将有力促进以三七为原料的普通食品开发及其产业的全面发展。

3. 三七养生保健前景

随着市场经济的发展和人民文化生活、经济收入不断地提高，三七养生保健已逐渐成为人们日常生活中健身强体、防病治病的首选，越来越受到青睐。特别是近年来，由于化学药物的不良反应（依赖性、成瘾性）、现代病（肥胖病）、富贵病及三高（高血脂、高血压、高血糖）人群、医源性疾病及药源性疾病的大量出现，人们要求"回归大自然""返璞归真"的呼声日益增大。因此药膳、中药保健食品的发展越来越受到重视。随着市场经济的蓬勃发展，人民群众自我保健意识的增强，三七养生保健的应用普及将与时俱进，它必定成为人们防病和日常生活中保障健康、养生抗衰的首选，也将释放出巨大的市场空间。

4. 三七地上部资源开发利用

三七的食用历史与其种植历史一样源远流长，可追溯到400年前。2017年，随着云南省食品安全地方标准《干制三七花》和《干制三七茎叶》2个标准的颁布实施，标志着三七地上部分进入食品领域。但当前对三七茎叶、花资源综合利用研究很少，产品还比较单一。以茎叶为例，每年采收三七茎叶2000万斤，但仅有5%的茎叶资源被利用。目前三七系列产品走销东南亚多个国家，同时也在欧美国家正式成立了营销机构，这都进一步加快了三七的国际化步伐。因此对三七茎叶、花进行一系列的开发与研究，不仅可以降低三七资源浪费，还可以拉动经济增长。

（湖北中医药大学　刘大会

中国医学科学院药用植物研究所云南分所　李海涛）

南板蓝根
nan ban lan gen

本品为爵床科植物马蓝*Baphicacanthus cusia*（Nees）Bremek.的干燥根茎和根。

一、植物特征

马蓝为多年生草本，茎直立多分枝，节较明显，高40～100厘米，盆栽苗多在40厘米左右；叶对生，叶柄长1～4厘米，呈椭圆状长圆形或卵形，长7～15厘米，宽2.5～7厘米，顶端短渐尖，基部渐狭细，边缘有粗齿，干时茎叶呈蓝色或墨绿色；幼叶脉上有柔毛，侧脉5～6对。花无梗，花排成顶生或腋生的穗状花序、对生，花期为11～12月；花萼5裂片，裂片短阔，急尖；花冠淡紫色，漏斗状；花冠筒近中部弯曲而下部变细，顶端浅凹；蒴果长约2.5厘米，有4颗种子。（图1）

根及根茎入药称为南板蓝根，苦，寒；清热解毒，凉血消斑、丹毒。茎、叶加工品入药称青黛，咸，寒；清热解毒，凉血消斑，泻火定惊；用于温毒发斑、胸痛咳血、口疮等。

二、资源分布概况

马蓝主要分布于我国广东、海南、香港、台湾、广西、云南、贵州、四川、福建、浙江等省区。分布范围约在纬度21°N～26°N，经度99°E～120°E，海拔在1000米以下。

图1　马蓝植物图

野生马蓝生长对土壤没有明显的要求，适宜的土壤类型为强淋溶土、人为土、高活性强酸土、铁铝土等。在冲积土及田土中生长较好，通常生于常绿阔叶林缘或疏林下，优势也分布于香蕉或竹林下，多生于阴湿地。野生马蓝以广西、云南、福建、广东为最多，在湖南的南部、四川的部分地区也有分布记载。马蓝的分布在离乡村较近的地方，真正分布于深山老林的极少。如在云南省西双版纳自治州，在基诺或勐仑等原始的热带雨林里极少见，而在村边或离居民不远的地方则较常见。

福建、浙江、云南、贵州、广东、四川等地的马蓝栽培地的海拔均在600米以下，贵州马蓝的栽培地海拔通常在700～1000米左右，目前栽培的总面积在300hm²以上。主要用于加工成青黛、南板蓝根、燃料靛蓝等。

三、生长习性

马蓝喜温暖、喜阳光，半阴生，耐阴亦耐旱，喜潮湿但又忌涝，其适宜生长温度为15～33℃，空气适宜温度为70%以上，土壤适宜含水量为22%～33%，以疏松、肥沃、排水良好的弱酸性及中性砂质壤土和壤土为宜。

马蓝的生长高峰期是春、秋两季，春、夏季是营养生长期，入秋以后则为生殖生长期，花期为11月底至2月底，果期为2月至3月底。

四、栽培技术

（一）种植材料

目前马蓝的种质来源主要为历年马蓝栽培留下来的茎秆，以无性的方式繁育种苗。在每年的11～12月中旬，具体根据气温而定，在未下霜以前收割马蓝，以免低温霜雪冻害。收割时用镰刀先将马蓝苗上端枝叶割下作炼制靛蓝之用，中下端枝节则选留作种用。将种苗秆剪成长30厘米，枝节为5节。

（二）插条的贮藏与培育

马蓝种苗贮藏培育地宜选用较潮湿的水稻田，先根据马蓝种苗的数量进行翻耕，整成宽1.8～2厘米、长视地块而定的畦，在畦面开成深20～30厘米的排水沟，沟宽15～20厘米，沟面距约30厘米。然后摆放马蓝种秆，厚约8厘米左右，摆放种秆时要求直立，然后回填细泥土并压实，使种秆露出土苗1～2节即可。可在上面铺上稻草，再盖遮阳网，这样冬天可起防霜保温作用。若遇天气干旱时要浇水1次，以防枝条干枯。最好搭建塑料大棚，在大棚内贮藏和培育马蓝种秆，可起到很好的保温防冻作用，同时还可提早使马蓝种秆萌发根叶，做到适时移栽。

若采用大棚时，其棚内温度在当年霜降季节至来年雨水季节，温度控制在7～8℃，雨水季节至惊蛰期间温度要控制在10～15℃之间。要注意大棚内的降温与保温工作。惊蛰至春分是马蓝幼苗的炼苗期，可将大棚膜揭开通风炼苗。

（三）选地与整地（图2）

1. 大田

（1）选地　选择向阳、土层深厚、疏松肥沃、排水良好的油砂土、白土或砂土地。冬季扦插，马蓝可选用稻田为前茬，在秋后稻谷收获后立即翻耕整地，准备扦插。

图2　马蓝的野生环境栽培

（2）整地　以高垄种植为宜。深耕细耙后，按东西或南北做高垄，一垄一沟共宽124厘米，其中沟宽24厘米、深18厘米，垄面净宽100厘米。整地时应施足底肥，每亩均匀施入圈肥4000千克、油枯饼150千克、过磷酸钙70千克等混合堆沤发酵240小时以上完全熟化的肥料。

2. 针叶林下

（1）选地　马蓝种植地应选择在郁闭度为50%～70%的针叶林下，土壤以红壤土或兼砂质生物土壤为好。

（2）整地　在林地下视其宽度，翻耕并除去杂草与柴根，将地整成1.5厘米左右的畦宽，行距为35～40厘米，开好栽种沟。

3. 杉木林下

（1）选地　选择海拔70～1500米之间，水源管理方便，地势平坦的杉木、火力楠、马尾松的混交林下。

（2）整地　对林地上的乔木进行修枝，修枝控制在中度，并将杂草劈除，保留阔叶小灌木。沿等高线进行杂草的清除，便于形成种植坪带，坪带宽为1.5厘米，在上面挖小穴，并对不种植地段杂草保留1米的带宽，用于涵养水源和保持水土。

4. 橡胶林下

（1）选地　选择交通便利、靠近水源的平缓橡胶林地，橡胶林地的行间距在4～6米，郁闭度0.20～0.69。

（2）整地　在橡胶林行间，做平行于橡胶林的平畦，平畦与两边橡胶树的距离在1米以上，以防整地伤到橡胶树根，两洼之间留40厘米的通道，平洼需深翻30厘米以上，可使用旋耕机。施加腐熟的家禽、畜粪便为肥，每亩施基肥1000千克，积肥的过程喷洒1∶1000的敌百虫液拌匀，以杀死虫卵、蛹和幼虫。

（四）播种

1. 扦插繁殖　选择生长2～3年健壮的地上茎作插条

（1）扦插准备　于当年11月最后一次采叶时，齐地剪取部分茎秆，除去叶片和嫩梢，将老茎切取或剪成24厘米长的扦插条，每节需带有3～4个芽，用于冬季栽植，即取即栽。

（2）栽植时间与密度　冬栽马蓝最佳时间为立冬至小雪。按30厘米×20厘米的行、株距，每穴栽入4～5根，呈正方形或多边形倾斜栽于穴内，覆土压紧，将插条上端剪口芽露出土面，最后施入清淡的人畜粪水，以利其生根发芽。每亩栽植6000穴左右。入冬时，每穴上均应覆盖稻草，以防冻伤马蓝芽口，影响出苗率。

2. 种子繁殖

在3月下旬至4月初马蓝种子成熟期间，收集黄褐色至黑色蒴果荚，用网袋装好晒1～2天，然后挂放在通风处，待其风干后除净果壳，收集干净种子备用；播种应在清明节前后，播种前先将种子浸泡2～4小时，水淹没马蓝10厘米以上，浸泡时轻轻搅动马蓝种子，目的是除去杂质、种皮等，溶解去除阻碍种子发芽的物质。浸泡后在阴凉处晾干即可播种，每亩播种量1.5千克，有条播和穴播2种方法。条播种植，即在准备好的平洼上按行距30厘米划深2厘米的浅沟，将种子和细土均匀拌在一起，填满浅沟至高出地面1～2厘米，最后浇清水至土壤湿润。穴播种植需在平洼上按行距15厘米×30厘米挖穴，将细土和种子拌均匀，回填至高出地面1～2厘米，最后浇清水至土壤湿润。播种后整个发芽期间，每天浇水保持土壤湿润，一般7～10天出苗。

出苗后，苗高10厘米时定苗。条播按株距15厘米定苗，穴播按每穴3株定苗，如果缺苗，就地移苗补栽。补栽的苗要及时浇水，以夯实土壤固定苗根。

3. 种子培育

选择马蓝未成熟种子为原料，以MS+KT 1.0毫克/升作种子萌发培养基，以MS+6-BA2.0毫克/升+NAA0.5毫克/升作继代增殖与分化培养基，1个月后顶芽基部分化出3～5个小芽。2个月后下胚轴形成的愈伤组织变疏松，分化出芽。将高2厘米以上，生长健壮的小芽切下，转到生根培养基上。15天后开始长根，1个月后根系发育良好，每株苗有3～7条根，保持适宜的温湿度，将生根苗取出，洗净培养基，种植到泥炭土、珍珠岩（2∶1）的混合基质上。

4. 组织培育

以马蓝植株嫩梢为原料，以1/2MS+蔗糖20克/升+6BA 0.3毫克/升+IBA 0.4毫克/升+MAP 200毫克/升为诱导外植体芽的生长效果最好，产生的丛生芽易于分切，便于进行继代培养；MS+蔗糖30克/升+6-BA 1.0毫克/升+NAA 0.2毫克/升+MAP 100毫克/升是继代培养的理想培养基，对促进丛生芽形成生长最好；生根培养基选用1/2MS+蔗糖20克/升+IBA 0.6毫克/升+MAP 20毫克/升为最佳，生根率达100%。

（五）套种

冬栽马蓝一般在冬季和早春套种一季短期蔬菜，如莴笋、菠菜等。（图3）

（六）田间管理

（1）幼苗期　马蓝从第1绿叶出现至第4片绿叶出现为幼苗期，这一过程大约需要30天，这一时期主要是培育壮苗。马蓝出

图3　马蓝与玉米间作

芽后，发现病株要及时拔除，并对病穴土壤进行消毒处理。如有缺苗，可用备用苗补栽，适当浇水，即可成活。

（2）除草　垄沟内可用工具除草；高畦上面因马蓝种植密度较大，易伤根、伤苗，应选择人工拔草。

（3）中耕　适当的松土和中耕，一般每年中耕2～3次，使土壤保持疏松。

（4）追肥 马蓝苗期需氮肥较多，如果种植前已按前述标准施足底肥，苗期可不用追肥。马蓝6月进入茎叶生长旺盛期，也是采收第1次蓝叶（主要采收茎枝脚叶，又称胎叶）的时期，各种营养的需要量大，应追肥。追肥方法：用锄在植株旁3厘米处挖浅穴，深约7厘米，将细干粪、磷肥、油枯饼等混合均匀后施入，再施入人畜粪水。一般每亩追施细干粪2000千克、氮素化肥5千克。追施时间：第1次追施在春季出苗后；第2次追肥在6月末植株封行前进行（第1次采收蓝叶后）；第3次追肥在7月底采收"优叶"后进行；第4次追肥在11月底收割最后一次叶、茎时进行，并要培土覆盖植株基部，以利其安全越冬。

（5）排灌 马蓝生长期需水较多，应适当浇水，促使植株生长旺盛。在生长中后期，因枝叶被采收，需水较多，以促进发芽长叶，可结合浇水施入氮肥，如尿素、乙胺等。此后应严格注意排除积水和防旱。

（七）病虫害防治

（1）猝倒病 发病后近地面处茎有水积状发黑腐烂，土壤中发生病害的根亦有此现象。高温之后容易发病。

防治方法 将杀菌剂咪酰胺与甲环唑按照1∶1的比例进行混合后稀释1000～1500倍进行喷洒。

（2）毒蛾 危害症状：幼虫取食叶片、嫩茎、嫩芽，造成叶片穿孔，甚至遍布空洞。

防治方法 ①冬季清洁田园，进行中耕耙磨，清除越冬幼虫。②用90%敌百虫晶体1000倍液喷洒或用2.5%敌百虫粉喷撒叶表和地面；或以3.2%快克螨（喷洒后30天不可采收）喷洒。③幼虫发生时可用2.5%鱼藤乳油600倍液；亦可用NPV、7216生物农药喷洒。

（3）蟋蟀 啃食嫩叶片以及茎基部。

防治方法 ①蟋蟀喜阴，爱钻草堆，可在田内每隔3厘米左右堆放10厘米的青草或稻草，浸蘸100倍液的90%敌百虫晶体进行诱杀，并在早晨掀草堆捉虫。②若虫出蛰期用90%敌百虫兑水1000倍液喷洒；或以90%敌百虫1000倍液与花生麸拌匀诱杀。③用2.5%鱼藤乳油600倍液与花生麸拌匀诱杀。

（4）蝗虫 以成虫和若虫危害叶片，啃食叶片及嫩茎，直至仅留叶脉。于6月底至9月高温干旱闷热时大量出现，危害严重。

防治方法 ①春季铲除田内杂草积肥，冬季深耕应使卵暴露冻死。②若虫盛期结合放鸡捕食蝗虫。③普发期用15%毒赛耳乳油1500倍液，早晚喷洒地面。④扩大防治面，一般采用每亩早晚喷2.5%敌百虫粉2千克。⑤用2.5%鱼藤乳油600倍液喷洒防治。

（5）蚜虫　蚜虫口器插入叶片吸取汁液，致使叶片自背向腹面凸出，叶面凹凸不平，出现卷曲、皱缩，严重时叶片枯焦或脱落。

防治方法　①当蚜株率达10%时，田间及时释放瓢虫、蚜茧峰、食蚜蝇、螳螂等蚜虫天敌。②播前及移栽期用70%杀蚜松乳油150克（施用后30天内不可采收）喷于15～20千克湿润土或有机肥中拌匀，覆盖种子或封根。③危害期用30%螨蚜净乳油2000～3000倍液喷洒（施用后10天内不可采收）。④用15%毒赛耳乳油2000～3000倍液喷洒；或敌百虫800～1000倍液喷洒。⑤用2.5%鱼藤乳油600倍液喷洒。

（6）红蜘蛛　在叶背吸取叶汁，使茎叶失绿。叶面可见透明针尖状虫体和尘埃，放大镜下可看见虫，严重时叶片脱落。

防治方法　①选用无虫苗木，清除田内外杂草及田间残枝落叶；当田间发现叶片有透明针尖状虫体时，可插标记，重点挑治。②当虫株率达5%时，用以下药剂喷洒：55%卡死克800～1000倍液、73%克螨特乳油800倍液、50%代治乳油1500倍液、3.2%快克螨乳油1500倍液（喷洒后30天内不可采收）及蚜螨净乳油5000倍液喷洒（施用后10天内不可采收），7天喷1次，连喷2～3次；此外，也可用敌百虫800～1000倍液喷洒。③用2.5%鱼藤乳油600倍液喷洒。

（7）尺蠖　幼虫取食药用植物叶片，从叶片外周开始向中心蔓延，造成叶片缺损。严重时仅留叶脉，叶梗光秃。

防治方法　①利用黑光灯诱杀成虫。②用10%联苯菊酯乳油（施用后30天内不可采收）或用90%敌百虫800～1000倍液喷洒。③用2.5%鱼藤乳油600倍液喷洒。

五、采收加工

1. 采收（图4）

一般在马蓝扦插后1～3年开始采收。冬栽马蓝一般1年收获3次茎、叶。第1次在6月底，称为采"胎叶"（脚叶）；第2次在小暑至立秋期间称为采"优叶"；第3次在寒露和立冬之间，为采"刀叶"。在第1次采收的时候，只能将植株的基部叶片摘除，避免对植株发育造成影响；在第2次采收的时候，可以将大部分的叶片摘去，但是要适当地将上部保留，便于植株重新发叶；在第3次采收的时候，可以将茎秆同时采收，这时的产量较高。采收后，冬季结合培土，施1次农家肥，将栏肥或沤肥施于植株根际，提高泥土肥力，即可保温防寒，又可促立春植株早生快长。

图4 马蓝采收

2. 加工

马蓝的根、茎、叶均可入药。马蓝制成的膏，俗称蓝靛，可用作天然染料；茎叶加工的成品为青黛，靛玉红含量高，是防癌治癌的药物。

（1）南板蓝根的加工 南板蓝根的加工较为简单，挖取马蓝全株，除其叶和幼嫩茎枝外，其余部分（根及根茎、老茎）均可作为南板蓝根入药。将马蓝的根及根茎、老茎去除泥土等杂质，洗净，润透，切厚片或长10～40厘米的茎段，晒干，打包。

（2）蓝靛的加工 建加工池，池址选在水源方便的地方，以满足加工过程的用水需求。池分为浸泡池和过滤池，浸泡池深约1.6米，半径约1.65米，池底和池四周要用水泥糊好，以防漏水。过滤池建在浸泡池旁，池底要高出地面，池长1.2米，宽0.8米，池高0.5米，池底不需用水泥糊，池四周要留排水孔，以过滤时水能渗透出来为好。过滤池大小要与浸泡池成比例，以避免过滤池过小而装不完浸泡池里的蓝靛沉淀液。夏天加工蓝靛时，先将马蓝鲜叶、茎沉放于浸泡池里用水浸泡3天（水以多出叶、茎2/3为好），3天后（第3

天），每池加60千克左右生石灰，再浸泡3天，期间第2、3天要用木棒在池里搅拌，促进其腐蚀成淀，3天后将取出浸泡池里的渣滓（不腐烂的茎秆等），并将浸泡沉淀液取到过滤池中过滤，即可滤出蓝靛。一般每100千克鲜叶茎可制成蓝靛成品25～30千克，一般能收割鲜叶、茎1500～3000千克/亩，能制出蓝靛成品500～1000千克。

（3）青黛的加工　将马蓝茎叶制出的蓝靛成品（优质蓝靛膏）用清水洗后干燥，即成为合格青黛。成品青黛靛玉红含量高，质量优于其他同类产品，是防癌治癌的最佳药物。

六、药典标准

1. 药材性状

本品根茎呈类圆形，多弯曲，有分枝，长10～30厘米，直径0.1～1厘米。表面灰棕色，具细纵纹；节膨大，节上长有细根或茎残基；外皮易剥落，呈蓝灰色。质硬而脆，易折断，断面不平坦，皮部蓝灰色，木部灰蓝色至淡黄褐色，中央有髓。根粗细不一，弯曲有分枝，细根细长而柔韧。气微，味淡。

2. 鉴别

野生品根茎横切面的木栓层为数列细胞，内含棕色物。皮层宽广，外侧为数列厚角细胞；内皮层明显；可见石细胞。韧皮部较窄，韧皮纤维众多。木质部宽广，细胞均木化；导管单个或2～4个径向排列；木射线宽广。髓部细胞类圆形或多角形，偶见石细胞。薄壁细胞中含有椭圆形的钟乳体。

注意：实际栽培品组织结构木质部较药典标准中的宽，髓部小，且栽培品由于代谢旺盛，腺毛、非腺毛及次生产物钟乳体数量较药典标准中的多。

3. 检查

（1）水分　不得过12.0%。

（2）总灰分　不得过10.0%。

4. 浸出物

不得少于13.0%。

七、仓储运输

1. 仓储

选择通风、干燥、无污染的环境，做专用仓库，并采用控温（30℃以下）、控湿技术（相对湿度70%～75%），彻底杀菌，防止霉变。储藏时要注意消灭虫源，防止发生虫蛀。

2. 运输

运输车辆的卫生合格，具备防暑防晒、防雨、防潮、防火等设备，符合装卸要求；进行批量运输时应不与其他有毒、有害、易串味物质混装。

八、药用价值

（1）临床应用　9～15克，煎服。用于温病发斑、丹毒、流感、流脑，临床主要用于治疗病毒性及细菌性疾病，如乙型肝炎、水痘、扁桃体炎、咽炎等。

（2）治流行性腮腺炎　南板蓝根30克，或配金银花、蒲公英各15克，水煎服；外用鲜马蓝叶捣敷。

（3）治喉痛　南板蓝根30克，开喉箭30克，山豆根30克，马勃9克。煎水服。

（4）预防小儿喘憋性肺炎　南板蓝根、金银花、一枝黄花，4～7岁各用4.5克，3岁以下各用3克。水煎，每日分3～4次服。

（5）治夏季微热，经久不退　南板蓝根30克，柴胡9克，体虚者加北沙参或孩儿参9克。水煎。每日1剂，连服7～10天。

（6）治热毒疮　南板蓝根30克，银花藤30克，蒲公英30克，土茯苓15克。炖肉服。

（7）抗肿瘤作用　靛玉红、靛蓝为南板蓝根中含有的抗肿瘤活性成分，并且含量较高。靛玉红在南板蓝根中的含量是北板蓝根的几十倍。靛玉红对一般癌肿生长和扩散程度有明显的抑制作用，对肿瘤细胞生成有选择性抑制作用。临床上靛玉红用于治疗慢性粒细胞性白血病有明显的疗效。色胺酮亦为南板蓝根中含有的抗肿瘤活性成分，能抑制肝癌EFL-7402细胞以及卵巢癌A2780细胞的增殖的能力，且具有诱导分化作用。

（8）抗菌作用　对金黄色葡萄球菌、肺炎杆菌、大肠埃希菌均有良好的抑制作用；还能对羊毛状小孢子菌、断发癣菌等皮肤病真菌有较强的抑菌作用。另外，南板蓝根多糖具有较强的抑菌能力和杀菌能力。

（9）抗炎作用　南板蓝根中含有大黄酚，大黄酚具有抗菌、泻下等作用，同时还具有抗衰老作用；南板蓝根中还有较高的含量的苯并恶嗪酮类衍生物，可能与其抗炎作用有关，有关文献报道苯并恶嗪酮类衍生物具有毒性和致突变作用，因此在使用中应加以注意。

（10）其他作用　南板蓝根多糖可能是一种理想的免疫刺激剂。并且南板蓝根对肝脏起到一定的保护作用。

参考文献

[1] 周劲松，赵东兴，李涛，等. 橡胶林下南板蓝栽培技术[J]. 南方农业，2016，10（04）：26–27.

[2] 申琼琪，侯惠婵，栗建明，等. 板蓝根与南板蓝根及其伪品的比较鉴别[J]. 中国医药工业杂志，2014，45（01）：31–34.

[3] 熊清平，张丹雁，刘家水，等. 南板蓝根野生品与栽培品的形态及组织结构鉴别[J]. 中药新药与临床药理，2012，23（02）：200–203.

[4] 杨成梓，刘小芬，范世明. 药用植物马蓝的资源调查研究[J]. 中国现代中药，2012，14（03）：33–35+38.

[5] 张丹雁，陈晓庆，林秀旎，等. 南板蓝根规范化生产标准操作规程（SOP）[J]. 现代中药研究与实践，2011，25（06）：19–22.

[6] 杜沛欣. 马蓝GAP规范化种植研究进展[J]. 海峡药学，2011，23（08）：57–59.

[7] 陈晓庆. 南板蓝（马蓝）栽培的关键技术研究[D]. 广州：广州中医药大学，2011.

[8] 张旭，何明辉，魏成熙. 贵州省道地药材南板蓝根引种栽培研究[J]. 安徽农业科学，2010，38（33）：18730–18731

[9] 陈健平，梁月光，谭绮球. 绿色南板蓝根高产栽培技术[J]. 农技服务，2008（06）：97–100.

[10] 杜沛欣. 马蓝（南板蓝根）的生物学特性研究[D]. 广州：广州中医药大学，2008.

[11] 张丹雁. 南板蓝根病虫害调查与防治[A]. 中国中西医结合学会中药专业委员会. 2007年中华中医药学会第八届中药鉴定学术研讨会、2007年中国中西医结合学会中药专业委员会全国中药学术研讨会论文集[C]. 中国中西医结合学会中药专业委员会，2007：3.

[12] 陈熔，江山. 南板蓝根中大黄酚的分离鉴定[J]. 中药材，1990（05）：29–30.

（中国医学科学院药用植物研究所云南分所　李瑶）

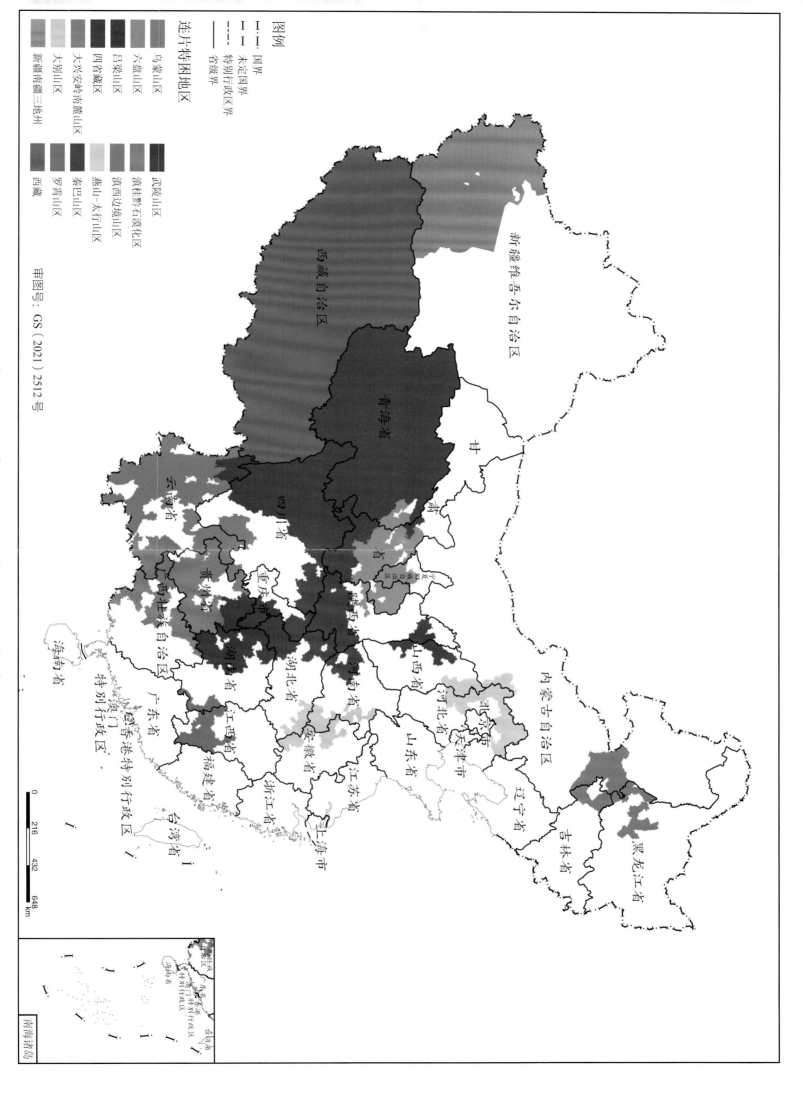

全国14个集中连片特困地区分布图

审图号：GS（2021）2512号

图例

I·I 国界

I I 未定国界

---- 特别行政区界

—— 省级界

连片特困地区

乌蒙山区

六盘山区

吕梁山区

四省藏区

大兴安岭南麓山区

大别山区

新疆南疆三地州

武陵山区

滇桂黔石漠化区

滇西边境山区

燕山—太行山区

秦巴山区

罗霄山区

西藏

0 216 432 648 km

西藏自治区

新疆维吾尔自治区

青海省

甘肃省

四川省

云南省

贵州省

重庆市

宁夏回族自治区

陕西省

山西省

河南省

湖北省

湖南省

广西壮族自治区

广东省

江西省

福建省

浙江省

安徽省

江苏省

上海市

山东省

河北省

北京市

天津市

辽宁省

吉林省

黑龙江省

内蒙古自治区

台湾省

海南省

香港特别行政区

澳门特别行政区

南海诸岛

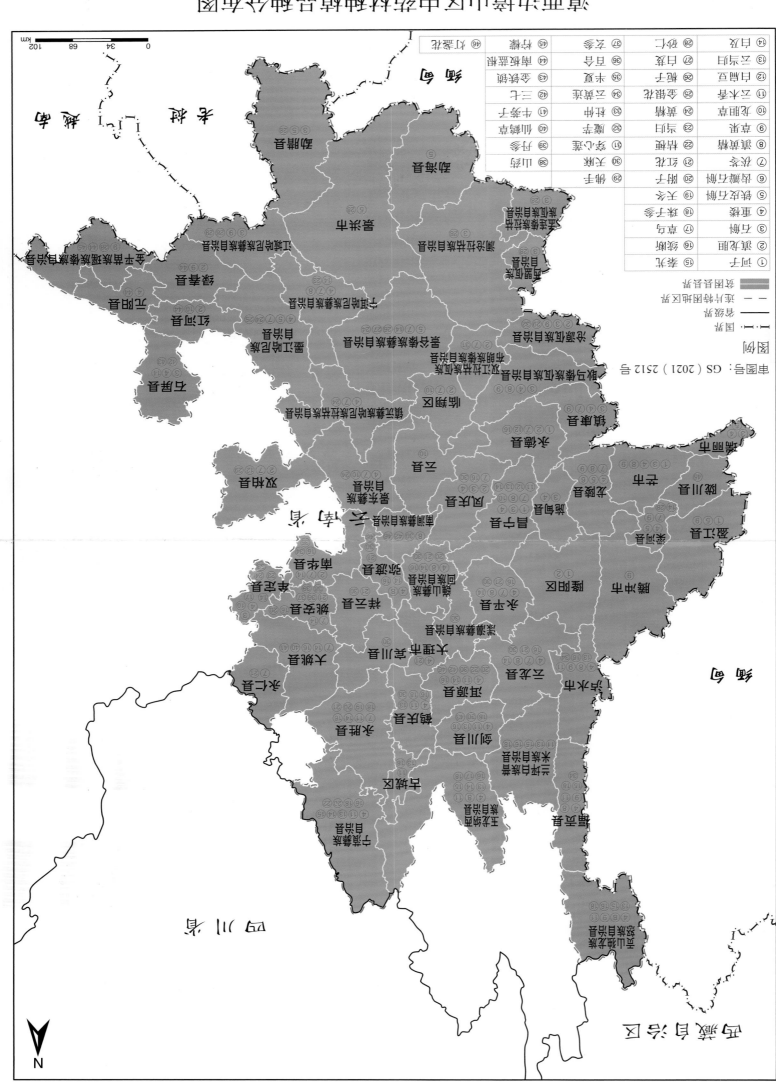